一起動手做！

超可愛狗狗縫製指南

艾莉森・J・里德─著

賴姵瑜─譯

笛藤出版

CONTENTS

序言

最初發想這本書時，我和我的伴侶房子樓下正在進行施工。為了躲避鑽孔聲和瀰漫空中的灰塵，我自己躲在樓上一個房間裡。

在這裡，我發現一盒毛氈布片，於是開始按照顏色分類整理。剛好昨天我一直在畫狗狗速寫，突然決定把毛氈布與素描相結合。數小時後，第一隻小狗誕生了！

我總是熱愛創作，享受手作。我最喜歡的織物是毛氈布，它向來在我的作品中佔有重要地位，毛氈布擁有無窮的可能性——它經過剪裁也不磨損邊緣，為手縫與製氈提供堅實基礎，色彩選擇更是廣泛多樣。

集成這本書是個很美好的經驗，創作這些小角色的過程中，充滿許多樂趣。其中最漫長的部分，是把原始素描化為圖樣時，正確表現出狗狗的特色為關鍵重點。一旦完成了這部分，就可以挑選要用的毛氈布片顏色，開始製作狗狗。之後，當加上它們的眼睛，這些小狗就真的活靈活現在我面前！

希望你在縫製狗狗時，也像我在設計它們時一樣歡樂。製作狗狗給自己、給小朋友、給大朋友——任何收到小狗的人，都會永遠珍惜它們。

所有版型圖式皆為實際尺寸。
你可以從這個網站下載本書內含版型的可列印版本：

www.davidandcharles.com

謹將本書獻給我的爸爸，
也就是老爹。

讓狗狗放風！

縫好可愛的狗狗，不妨做成漂亮的禮物，把它們秀出來。這裡提供一些好點子：

🐾 做成胸針。先將狗狗縫在胸針或安全別針上，就可以把它別到帽子、套頭毛衣或外套上了。

🐾 變為包包掛飾。只要將一段緞帶對折，反面朝內，然後用幾道小針固定在狗狗的背部即可。

🐾 做成裝飾貼。方法是只要縫製狗狗的頂層——無須裱褙或填充——再使用隱形尼龍線，平針縫在圍巾或T恤的表面就可以了。

🐾 將狗狗放在相框盒裡珍藏展示。把寫有狗狗名字的標籤貼在下方，即變成完美的個人化特製。

🐾 做成大狗狗！把狗狗按照比例放大，做成毛絨玩具。用影印機或掃描器把版型放大，然後以製作迷你版完全相同的方式，做出更大款的狗狗。

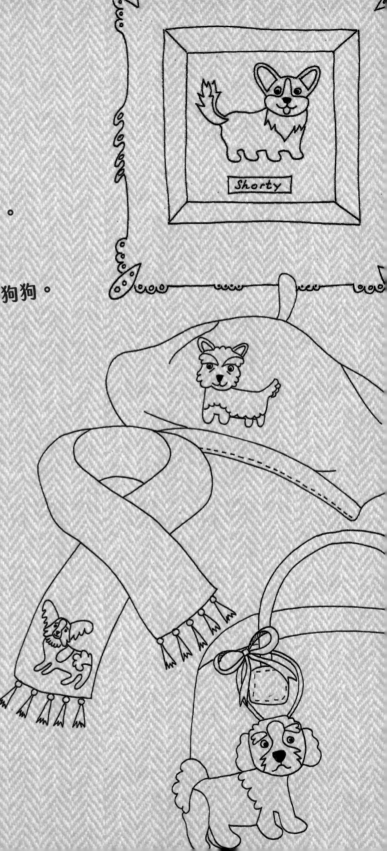

祝玩得開心，別忘了分享成品的照片。
請使用標籤 #stitch50dogs
和標記 @dandcbooks，
這樣大家都能欣賞到每個人精心製作的狗狗。
我很期待看到它們❤

@dandcbooks

快來欣賞我的作品❤
#stitch50dogs

材料與用具

製作這些小狗的好處就在於它們非常簡單，會使用到的工具和材料也很少。所需基本物品如下述：

壓克力毛氈布

市面上有各式各樣、各種色彩的毛氈布料。我選用壓克力毛氈布的原因在於壓克力毛氈布的纖維比羊毛更牢固、也更容易密合，易於手縫，而且狗狗填充好後，毛氈布不會撐開。100%羊毛氈布很漂亮，但比壓克力軟得多，填充後也很容易變形。

我已經在每個縫製所需物品清單中寫出需要的顏色，如深褐色、中褐色、淺褐色等，只要使用該範圍的色調，就能創造出想要的效果。當然你也可以隨心所欲、任意變更顏色，各種雜色毛氈布也能產生令人驚豔的成品。

✦ 個人化

為模擬製作自家的狗狗，請仔細觀察牠們的斑紋，用版型作為指引，把牠們畫出來。在購買毛氈布片時，也請參考照片，找到符合的顏色。

縫線

我使用的是基本款120s聚酯縫線，堅韌且易於操作，可在商店和網上購得，非常適合手縫與機縫。我喜歡使用不完全吻合的顏色，這樣可以增添一點變化。

兩腳釘

開口銷是用來固定紙張，兩腳釘則有各式各樣的尺寸與顏色。我以兩腳釘作為狗狗的眼睛，先在毛氈布片上打洞，以便插入。兩腳釘有多種尺寸，請選用最適合製作狗狗的大小。

✦ 創意時刻！

彩色的兩腳釘所費不貲，所以我隨興取用不同尺寸的金色兩腳釘，並塗上黑色指甲油代替。

填充物

我通常一次會大量製作約五十隻狗狗，用掉幾乎一大袋超軟聚酯纖維填充棉。如果你一開始只想做幾隻狗狗，可以用棉球或回收舊墊子的填充物替代。

羊毛粗紗

粗紗是經過清洗、染色和梳理的羊毛，非常適合針戳毛氈（次頁將說明此一技法）。我在一些狗狗身上運用羊毛粗紗，增添其身體的特殊細節與質感。

基本工具組

狗狗製作需要的配備很簡單：

🐾 描圖紙：用以描摹版型。

🐾 白色或對比色粉筆：用以將版型轉繪至毛氈布上。

🐾 銳利剪刀：用以裁剪毛氈布片。

🐾 刺繡剪刀：用以裁剪細部圖案和修剪縫線。

🐾 手縫尖針：與縫線一起使用。並請在手邊保留備用針。

🐾 布用膠（選用）：手縫時用以固定毛氈布片細節。

🐾 織補針：用於毛氈布片打洞，方便插入兩腳釘。

🐾 珠針：手縫時用以固定正面和背面身體布片。

🐾 竹籤或類似工具：協助將填充棉塞入較小的角落或空間。

🐾 針戳毛氈工具：若用到羊毛粗紗，你需要一個針戳毛氈用的七支戳針筒和一個毛刷針墊。注意！手指請務必遠離尖銳的戳針。

設計指引

　　每隻狗狗都有專屬的版型和設計指引。設計指引會標示出要使用何種針法，還有其他構造和設計特色。以下是關於這些指引的使用要點：

手縫狗狗

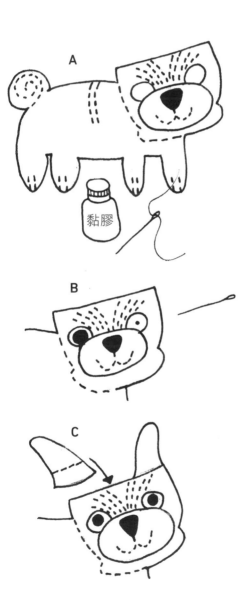

1. 使用這邊提供的版型尺寸來製作狗狗。首先要把版型轉繪至毛氈布，因此請先將版型描摹到描圖紙上，並在各個版型皆標上名稱、毛氈布顏色和所需數量，然後將它們剪下來。

   要把各個版型轉繪至毛氈布，需要將版型放在適切顏色的毛氈布上，並以珠針固定。用白色或對比色等看得較清楚的粉筆沿著邊緣畫並標記，即為裁切線。按需要繪製。

   若設計指引要求在剪下版型之前先針戳出圖案，請將對應板型背面前翻，在裁剪之前將圖案標記在未做針戳毛氈的毛氈布面。小範圍的針戳毛氈可在剪下版型之後再做。

2. 主要的身體布片有二，先取其中一片，組好相關的狗狗斑印與特色，耳朵先暫時放在一旁。參考狗狗的設計指引與對頁圖例，排置每一樣特色部位和小範圍針戳毛氈的部分。手縫時，你可以用一點點布用膠把較小的布片固定在適當位置。請參考〈手縫針法解說〉的指引，如圖 (A)。

3. 用兩腳釘加上雙眼（請見對頁〈插入兩腳釘〉），如圖 (B)。

4. 再次參考設計指引與圖例，將所選狗狗的耳朵放在已繡製之頭部布片的後方，如圖 (C)。

5. 對齊兩塊身體布片，把耳朵塞入布片夾層，並以珠針固定。然後接合布片，用毛氈邊縫沿著身體緣縫合，把耳朵用平針縫上（請見〈手縫針法解說〉）。請如設計指引所示預留間隙。

6. 用聚酯纖維玩具填充棉填充，以呈現3D效果（請見〈填充狗狗！〉），如圖 (D)。

7. 用毛氈邊縫縫合間隙。

D

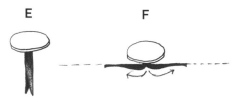
✡填充狗狗！
請試著在手指之間搓出豆子大小的填充球，以便塞入狹小空間。

插入兩腳釘

參考設計指引，用織針在毛氈布片上打出兩處眼洞。把兩腳釘穿過洞，釘頭須平置於毛氈布面上，如圖 (E)。把腳釘壓開，使之平貼毛氈布片的背面，如圖 (F)。

針戳毛氈

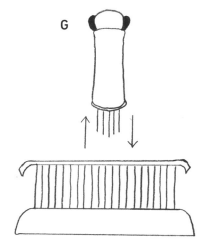
E　　　　F

針戳毛氈可製作出有層次的毛感。首先，請將作為基底的毛氈布片放在毛刷墊上，正面朝上。

撕下一小撮羊毛粗紗，輕輕塑形，讓它能夠覆蓋毛氈布片，或理成設計指引圖示的形狀。把羊毛粗紗放在毛氈布片上，用羊毛氈戳針同時戳刺，以結合兩者。戳針上下戳動，羊毛粗紗就能輕易穿入與穿出毛氈布片，如圖 (G)。

G

請在平坦桌面上執行這道工序，並與身體保持距離。手指也須與移動中的戳針保持距離。

按照圓圈位置插入兩腳釘

針戳毛氈的點影區

將耳朵插入兩片身體之間

捲折耳朵，再手縫一道小針固定

預留間隙，填充

13

手縫針法解說

製作時可以運用以下幾種手縫針法，為它們創造獨一無二的特色與表情。

平針縫 Running Stitch

平針縫是最基本的針法，用於縫合兩塊布片，同時也是一種裝飾性刺繡針法。

首先，將已穿線的縫針在 (A) 處向上穿出，然後在 (B) 處把針向下推回。

不管是縫直線或曲線，都是持續這樣的順序。

毛氈邊縫 Blanket Stitch

這個針法用於沿邊緣接合兩塊布片，同時提供收尾修飾的作用。

首先，將縫針在 (A) 處向上穿出毛氈，然後在 (B) 處推針向下穿入，針尖會從布片邊緣下方出針。讓縫線在針的下方形成線圈，再輕輕把針拉出線圈縫牢。

以 (A) 與 (B) 之間的相同等距，繞著邊緣重複以上步驟。

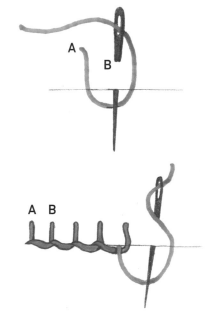

種籽繡 Seed Stitch

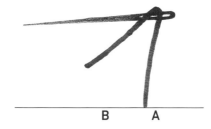

又稱為米粒繡，因其外觀看起來像是散落的種籽或米粒，很適合用來表示狗狗口鼻上面的鬍鬚。

縫針在 (A) 處從毛氈背面向上穿出，然後在 (B) 處向下推回，形成小小的直線縫。

重複不同方向的繡縫，但保持相同長度，均勻間隔，就可以做出美妙的視覺效果。

回針縫 Backstitch

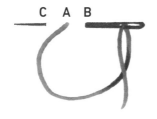

回針縫是很適合縫製平直輪廓的針法。

一開始，縫針在 (A) 處向上穿出毛氈，然後在 (B) 處推針向下刺入毛氈，再從 (C) 處向上。

重複以上步驟縫製輪廓，無論直線或曲線輪廓皆適用。

針法圖例

平針縫

毛氈邊縫

種籽繡

回針縫

洗澡時間！

由於手縫和兩腳釘較為脆弱，不適合機洗。如果狗狗髒了，請使用濕布輕輕處理表面的斑跡。

梗犬 TERRIERS

傑克羅素㹴犬
JACK RUSSELL TERRIER

傑克羅素㹴犬——眾人所知的名字為牧師羅素㹴犬——是精力旺盛的小型犬種，以19世紀牧師約翰·羅素（Reverend John Russell）的名字命名。該犬種源於英格蘭，是聰明、熱情、極為忠誠又愛玩耍的小狗，距今約200年前被培育成為狩獵紅狐的小獵犬——在當時，狩獵是有錢人與教會人士最愛的消遣。

所需物品

- ❀ 乳白色毛氈布（身體、眼睛）
- ❀ 中褐色毛氈布（臉部和身體斑印、耳朵）
- ❀ 黑色毛氈布（鼻子）
- ❀ 縫線（中褐色和黑色）
- ❀ 黑色兩腳釘2個（眼睛）
- ❀ 聚酯纖維填充棉
- ❀ 基本工具組

作法

1. 使用「版型」，剪出上列的毛氈布片圖案。

2. 參考「設計指引」疊放和手縫毛氈布片正面（請見〈設計指引用法〉和〈手縫針法解說〉），縫好狗狗的特色部位，加上兩腳釘。

3. 將毛氈布片正面和背面身體縫合，同時按照「設計指引」所示插入雙耳，並且預留填充的間隙。

4. 填充好之後，完全縫合。

版型

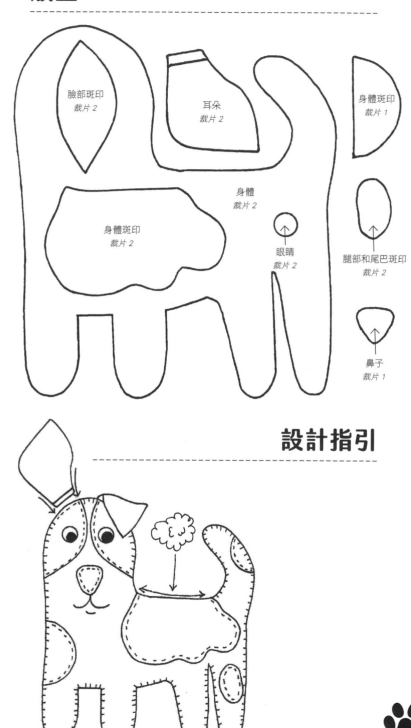

設計指引

凱恩㹴犬
CAIRN TERRIER

這活潑小狗是最古老的㹴犬品種之一，源於蘇格蘭西部群島，可上溯至17世紀。凱恩㹴犬擁有頑強的狩獵技巧和勇敢無畏的姿態，最初是為了控制斯凱島上的害蟲而培育，並以島上的人造石堆為牠們命名。用來當作墓碑的石堆，是害蟲完美的藏身之處，也成為這些迷你㹴犬的富饒獵場。另外，細心的你或許可以發現牠就是《綠野仙踪》中桃樂絲的狗狗托托。

所需物品

- 雜褐色毛氈布（身體）
- 淺褐色毛氈布（臉部）
- 中褐色毛氈布（腿部和尾巴斑印、內耳）
- 深褐色毛氈布（外耳）
- 灰色毛氈布（口鼻）
- 黑色毛氈布（鼻子）
- 乳白色毛氈布（眼睛）
- 縫線（淺褐色、黑色）
- 黑色兩腳釘2個（眼睛）
- 聚酯纖維填充棉
- 基本工具組

作法

1. 使用「版型」，剪出上列的毛氈布片圖案。

2. 參考「設計指引」疊放和手縫毛氈布片正面（請見〈設計指引用法〉和〈手縫針法解說〉），縫好狗狗的特色部位，加上兩腳釘。

3. 將毛氈布片正面和背面身體縫合，同時按照「設計指引」所示插入雙耳，並且預留填充的間隙。

4. 填充好之後，完全縫合。

版型

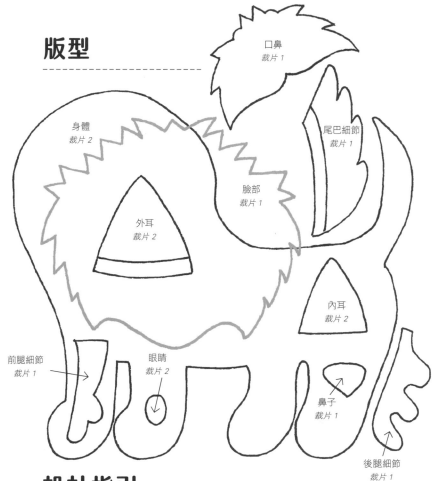

口鼻
裁片 1

身體
裁片 2

尾巴細節
裁片 1

臉部
裁片 1

外耳
裁片 2

內耳
裁片 2

前腿細節
裁片 1

眼睛
裁片 2

鼻子
裁片 1

後腿細節
裁片 1

設計指引

21

斯凱狻犬
SKYE TERRIER

此一中型犬種來自蘇格蘭西北海岸外的斯凱島。斯凱梗犬在1570年若翰・凱斯（Iohannes Caius）的著書《英格蘭犬》（Of Englishe Dogges）中首度被提及，最初是為了捕殺害蟲而培育的。牠們身披長毛——看起來就像裙子一樣！——只勉強看得到小小的腳掌。該犬種因蘇格蘭 19 世紀的傳說而聞名：一隻斯凱狻犬，現今大名鼎鼎的忠犬巴比，曾經守護主人的墳墓長達14年。這位忠心毛球的紀念雕像現在仍可以在蘇格蘭愛丁堡看到。

所需物品

- 🐾 雜灰色毛氈布（身體）
- 🐾 深灰色毛氈布（臉部、下擺）
- 🐾 深灰色毛氈布（耳朵）
- 🐾 黑色毛氈布（鼻子、頭髮、嘴巴）
- 🐾 乳白色毛氈布（眼睛）
- 🐾 粉紅色毛氈布（舌頭）
- 🐾 縫線（黑色）
- 🐾 黑色兩腳釘2個（眼睛）
- 🐾 聚酯纖維填充棉
- 🐾 基本工具組

作法

1. 使用「版型」，剪出上列的毛氈布片圖案。

2. 參考「設計指引」疊放和手縫毛氈布片正面（請見〈設計指引用法〉和〈手縫針法解說〉），縫好狗狗的特色部位，加上兩腳釘。

3. 將毛氈布片正面和背面身體縫合，同時按照「設計指引」所示插入雙耳，並且預留填充的間隙。

4. 填充好之後，完全縫合。

版型

臉部
裁片 1

身體
裁片 2

耳朵
裁片 2

眼睛
裁片 2

舌頭
裁片 1

頭髮
裁片 1

鼻子
裁片 1

嘴巴
裁片 1

下擺
裁片 1

設計指引

波士頓㹴犬
BOSTON TERRIER

波士頓㹴犬源於美國麻薩諸塞州的波士頓，是最初在美國培育的少數犬種之一。波士頓㹴犬是扁面犬種，牠們最大特色是短縮的口鼻，因此又被稱為短吻犬。牠們擁有最會說話的美麗大眼睛，以至於你完全無法拒絕牠們任何要求，晚禮服般的斑印也為牠們贏得「美國紳士」的迷人封號。

所需物品

- 雜褐色毛氈布（身體）
- 乳白色毛氈布（臉部斑印、嘴巴）
- 粉膚色毛氈布（內耳）
- 深褐色毛氈布（外耳）
- 黑色毛氈布（鼻子）
- 乳白色羊毛粗紗（胸部、腳掌）
- 縫線（中褐色、粉膚色、黑色）
- 黑色兩腳釘2個（眼睛）
- 聚酯纖維填充棉
- 基本工具組

作法

1. 使用「版型」，剪出上列的毛氈布片圖案。

2. 參考右側「設計指引」（請見〈設計指引用法〉），用羊毛粗紗針戳胸部和腳掌毛氈。

3. 參考「設計指引」疊放和手縫毛氈布片正面（請見〈手縫針法解說〉），縫好狗狗的特色部位，加上兩腳釘。

4. 將毛氈布片正面和背面身體縫合，同時按照「設計指引」所示插入雙耳，並且預留填充的間隙。

5. 填充好之後，完全縫合。

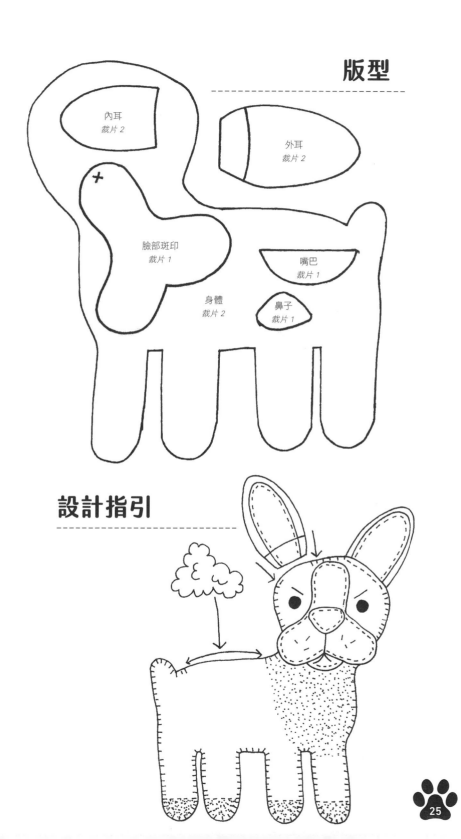

版型

內耳
裁片 2

外耳
裁片 2

臉部斑印
裁片 1

嘴巴
裁片 1

身體
裁片 2

鼻子
裁片 1

設計指引

斯塔福郡鬥牛㹴犬
STAFFORDSHIRE BULL TERRIER

斯塔福郡鬥牛㹴犬在19世紀開始引領風潮，今日依然頗受歡迎。牠們可謂肌肉最發達的狗狗之一，堪稱四腿朋友界的健美運動員。牠們看起來也許像是頑強的小狗，但其實是極其敏感又忠實可愛的小夥伴，性情活潑、值得信賴、自信友善，且對孩子們格外親切。此一犬種也被稱為斯塔菲（Staffy）、斯塔菲鬥牛（Staffy Bull）或保姆犬（Nanny）。

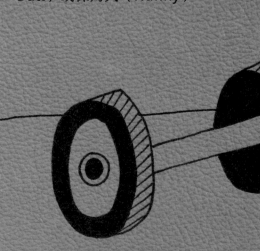

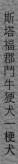

所需物品

- 深褐色毛氈布（身體、耳朵）
- 乳白色毛氈布（臉部和身體斑印、眼睛、腳掌）
- 黑色毛氈布（口鼻）
- 灰色毛氈布（鼻子）
- 縫線（深褐色、乳白色、黑色）
- 黑色兩腳釘2個（眼睛）
- 聚酯纖維填充棉
- 基本工具組

作法

1. 使用「版型」，剪出上列的毛氈布片圖案。

2. 參考「設計指引」疊放和手縫毛氈布片正面（請見〈設計指引用法〉和〈手縫針法解說〉），縫好狗狗的特色部位，加上兩腳釘。

3. 將毛氈布片正面和背面身體縫合，同時按照「設計指引」所示插入雙耳，並且預留填充的間隙。

4. 填充好之後，完全縫合。

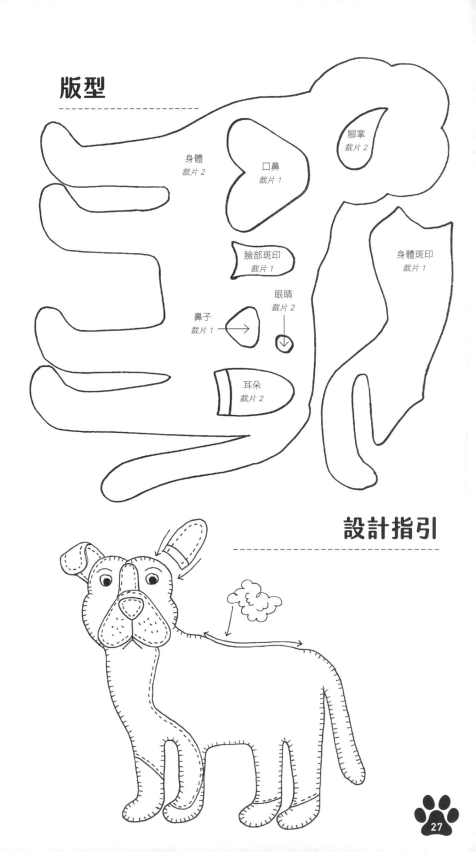

版型

身體
裁片 2

口鼻
裁片 1

腳掌
裁片 2

臉部斑印
裁片 1

身體斑印
裁片 1

眼睛
裁片 2

鼻子
裁片 1

耳朵
裁片 2

設計指引

27

約克夏狸犬

YORKSHIRE TERRIER

約克夏狸犬是天不怕、地不怕的活潑小傢伙，總認為自己是大狗，在公園裡毫無畏懼地向更大隻的狗狂吠！牠又名約克犬（Yorkie），在工業革命期間被引入英國約克郡（Yorkshire），最初是為了捕捉礦坑中的老鼠、獵獾與獵狐而培育的。時至今日，約克夏狸犬依然是相當受歡迎的犬種，忠誠與熱情天性使牠們成為人類絕佳的小夥伴。

所需物品

- 中褐色毛氈布（身體）
- 深灰色毛氈布（身體和臉部斑印）
- 淺灰色毛氈布（眉毛）
- 黑色毛氈布（鼻子）
- 粉膚色毛氈布（內耳）
- 乳白色毛氈布（眼睛）
- 縫線（中褐色、淺褐色、深灰色、淺灰色、黑色）
- 黑色兩腳釘2個（眼睛）
- 聚酯纖維填充棉
- 基本工具組

作法

1. 使用「版型」，剪出上列的毛氈布片圖案。

2. 參考「設計指引」疊放和手縫毛氈布片正面（請見〈設計指引用法〉和〈手縫針法解説〉），縫好狗狗的特色部位，加上兩腳釘。

3. 將毛氈布片正面和背面身體縫合，同時按照「設計指引」所示插入雙耳，並且預留填充的間隙。

4. 填充好之後，完全縫合。

版型

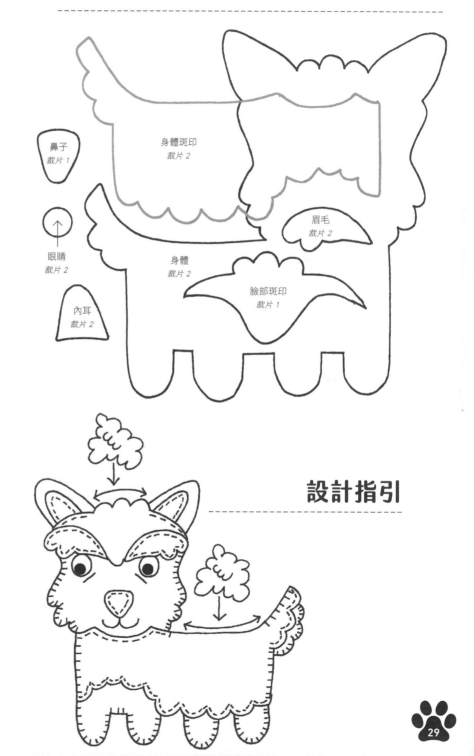

鼻子
裁片 1

身體斑印
裁片 2

眼睛
裁片 2

眉毛
裁片 2

身體
裁片 2

內耳
裁片 2

臉部斑印
裁片 1

設計指引

邊境㹴犬
BORDER TERRIER

邊境㹴犬在18世紀出現,來自英格蘭和蘇格蘭邊界的赤維特丘陵(Cheviot Hills)。
這些狗狗又被稱為邊境犬(Borders),是堅毅的小型工作犬,身上的韌實密毛與健
壯體格有助於牠們耐受當地的惡劣氣候。邊境犬是非常熱情、頑皮淘氣的小狗!

所需物品

- 雜淺褐色毛氈布（身體）
- 雜深褐色毛氈布（身體和臉部斑印、耳朵、口鼻）
- 黑色毛氈布（鼻子和眉毛）
- 乳白色毛氈布（眼睛）
- 縫線（褐色、乳白色、黑色）
- 黑色兩腳釘2個（眼睛）
- 聚酯纖維填充棉
- 基本工具組

作法

1. 使用「版型」，剪出上列的毛氈布片圖案。

2. 參考「設計指引」疊放和手縫毛氈布片正面（請見〈設計指引用法〉和〈手縫針法解說〉），縫好狗狗的特色部位，加上兩腳釘。

3. 將毛氈布片正面和背面身體縫合，同時按照「設計指引」所示插入雙耳，並且預留填充的間隙。

4. 填充好之後，完全縫合。

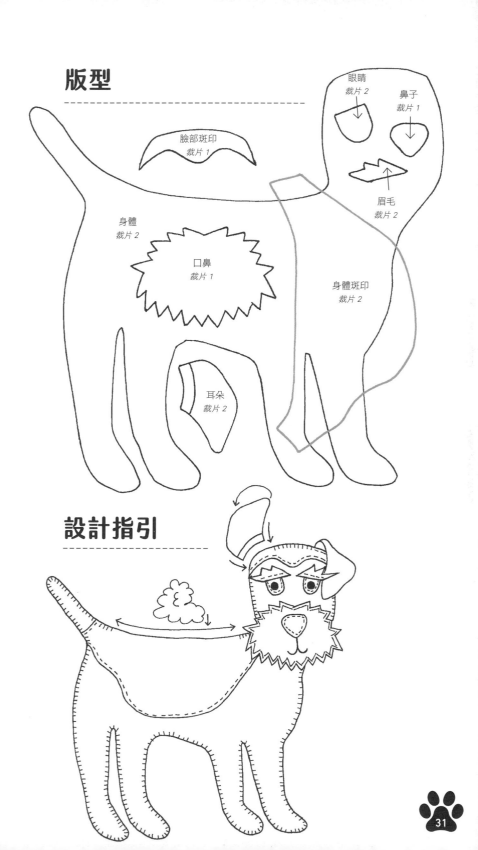

版型

眼睛
裁片 2

鼻子
裁片 1

臉部斑印
裁片 1

眉毛
裁片 2

身體
裁片 2

口鼻
裁片 1

身體斑印
裁片 2

耳朵
裁片 2

設計指引

蘇格蘭㹴犬

SCOTTISH TERRIER

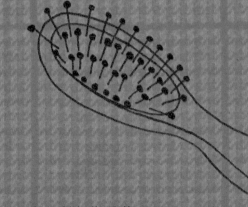

蘇格蘭㹴犬,也就是熟為人知的蘇格提狗(Scottie dog),被認為是蘇格蘭最古老的㹴犬種類。牠們有著矮矮胖胖的長方形身軀、長長的頭部和短小的腿,還擁有鬍鬚和濃密的眉毛。如果牠們留一身長毛,每週需要梳理好幾回。當牠們想要炫耀蘇格蘭傳統時,格子呢毛款看起來特別時髦!

所需物品

- 黑色毛氈布（身體）
- 雜灰色毛氈布（頭髮、鬍鬚、腿部斑印）
- 淺灰色毛氈布（鼻子、眉毛）
- 乳白色毛氈布（眼睛）
- 縫線（深灰色、淺灰色、乳白色和黑色）
- 黑色兩腳釘2個（眼睛）
- 聚酯纖維填充棉
- 基本工具組

作法

1. 使用「版型」，剪出上列的毛氈布片圖案。

2. 參考「設計指引」疊放和手縫毛氈布片正面（請見〈設計指引用法〉和〈手縫針法解說〉），縫好狗狗的特色部位，加上兩腳釘。

3. 將毛氈布片正面和背面身體縫合，同時按照「設計指引」所示插入雙耳，並且預留填充的間隙。

4. 填充好之後，完全縫合。

版型

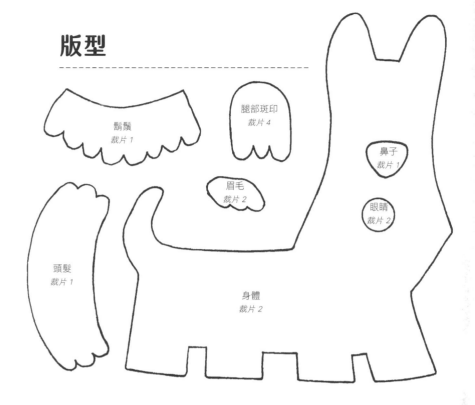

鬍鬚
裁片 1

腿部斑印
裁片 4

鼻子
裁片 1

眉毛
裁片 2

眼睛
裁片 2

頭髮
裁片 1

身體
裁片 2

設計指引

玩賞犬 TOY BREEDS

巴哥犬
PUG

巴哥犬，別稱哈巴狗，是從中國帶到歐洲的犬種。在中國，牠們是皇宮裡備受疼愛的寵物。自從16世紀引入歐洲，牠們的人氣隨即遍及全球。巴哥犬性格安靜，熱情友好，有一雙會說話的大眼睛、皺巴巴的臉部、短短的口鼻，是非常討人喜歡的狗狗。短小的腿部和捲捲的尾巴，讓牠們看起來更為討喜！巴哥犬有多種顏色，包括褐色、黑色、灰色和白色，最常見的是淡黃褐色。

所需物品

- 淺褐色毛氈布（身體、臉部）
- 中褐色毛氈布（口鼻、耳朵、眼睛）
- 黑色毛氈布（鼻子）
- 縫線（中褐色、黑色）
- 黑色兩腳釘2個（眼睛）
- 聚酯纖維填充棉
- 基本工具組

作法

1. 使用「版型」，剪出上列的毛氈布片圖案。

2. 參考「設計指引」疊放和手縫毛氈布片正面（請見〈設計指引用法〉和〈手縫針法解說〉），縫好狗狗的特色部位，加上兩腳釘。

3. 將毛氈布片正面和背面身體縫合，同時按照「設計指引」所示插入雙耳，並且預留填充的間隙。

4. 填充好之後，完全縫合。

版型

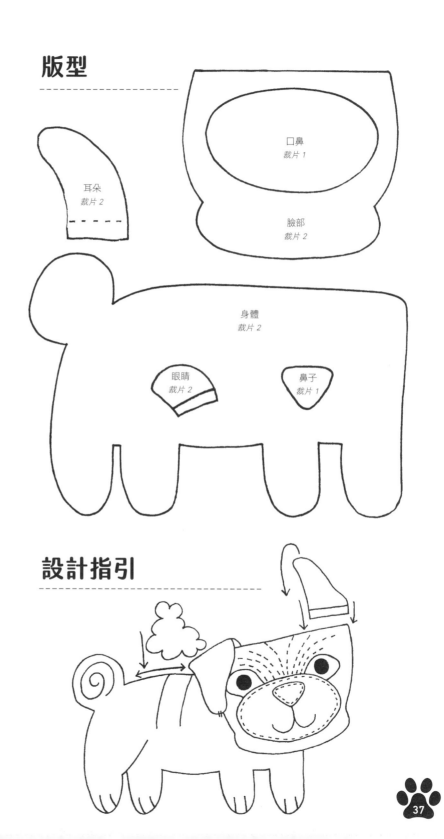

耳朵
裁片 2

口鼻
裁片 1

臉部
裁片 2

身體
裁片 2

眼睛
裁片 2

鼻子
裁片 1

設計指引

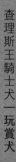
查理斯王騎士犬

CAVALIER KING CHARLES SPANIEL

優雅的查理斯王騎士犬可自豪地追溯至英格蘭皇宮時期，蘇格蘭的瑪麗女王（Mary, Queen of Scots）本人就擁有一隻黑白相間的查理斯王騎士犬。這些小型獚犬擁有與眾不同的褐色大眼、光滑柔順絨毛和非常溫馴的性格，因此，牠們是很受歡迎的女士寵物與膝上犬！

所需物品

- 乳白色毛氈布（身體）
- 淺褐色毛氈布（臉部和身體斑印、耳朵）
- 黑色毛氈布（鼻子）
- 縫線（淺褐色、乳白色、黑色）
- 黑色兩腳釘2個（眼睛）
- 聚酯纖維填充棉
- 基本工具組

作法

1. 使用「版型」，剪出上列的毛氈布片圖案。

2. 參考「設計指引」疊放和手縫毛氈布片正面（請見〈設計指引用法〉和〈手縫針法解說〉），縫好狗狗的特色部位，加上兩腳釘。

3. 將毛氈布片正面和背面身體縫合，同時按照「設計指引」所示插入雙耳，並且預留填充的間隙。

4. 填充好之後，完全縫合。

版型

設計指引

哈瓦那犬
HAVANESE

哈瓦那犬最初是由現已絕種的哈瓦那小白犬（Blanquito de la Havana）培育而來，可上溯至19世紀，當時的古巴貴族多豢養牠們作伴，因此成為古巴的國犬。哈瓦那犬屬於玩賞類犬種，常被認為是很好的膝上犬或伴侶犬，是溫和又熱情的狗狗。牠們有各種漂亮的顏色，包括巧克力色、乳白色和金黃色。這黑白相間的狗狗看起來就像愛德華時代的女僕！

所需物品

- 黑色毛氈布（身體、耳朵、鼻子）
- 白色毛氈布（鬍鬚、尾巴、腳掌、眉毛、頭髮、眼睛）
- 縫線（白色、黑色）
- 黑色兩腳釘2個（眼睛）
- 聚酯纖維填充棉
- 基本工具組

作法

1. 使用「版型」，剪出上列的毛氈布片圖案。

2. 參考「設計指引」疊放和手縫毛氈布片正面（請見〈設計指引用法〉和〈手縫針法解說〉）。用少量膠水把眉毛、頭髮和口鼻固定在適當位置，縫好其他特色部位，加上兩腳釘。

3. 將毛氈布片正面和背面身體縫合，同時按照「設計指引」所示插入雙耳，並且預留填充的間隙。

4. 填充好之後，完全縫合。

版型

耳朵
裁片 2

鬍鬚
裁片 1

尾巴
裁片 1

腳掌
裁片 4

眼睛
裁片 2

身體
裁片 2

頭髮
裁片 1

鼻子
裁片 1

眉毛
裁片 2

設計指引

吉娃娃
CHIHUAHUA

雖然吉娃娃擁有大眼睛、大耳朵和寬大的性格，但牠們是世界上體型最嬌
小的犬種！據說吉娃娃的祖先是南美洲的太吉吉犬（Techichi）。牠們
很容易受寒，喜歡依循與其他狗狗相同的自然本能來取暖——窩起來。牠
們會鑽到墊子和毯子下，或者像人和貓一樣沐浴在溫暖的陽光下！

所需物品

- 淺褐色毛氈布（身體）
- 中褐色毛氈布（耳朵、口鼻、眼瞼）
- 黑色毛氈布（鼻子）
- 白色毛氈布（眼睛）
- 縫線（中褐色、黑色）
- 黑色兩腳釘2個（眼睛）
- 聚酯纖維填充棉
- 基本工具組

作法

1. 使用「版型」，剪出上列的毛氈布片圖案。

2. 參考「設計指引」疊放和手縫毛氈布片正面（請見〈設計指引用法〉和〈手縫針法解說〉），縫好狗狗的特色部位，加上兩腳釘。

3. 將毛氈布片正面和背面身體縫合，同時按照「設計指引」所示插入雙耳，並且預留填充的間隙。

4. 填充好之後，完全縫合。

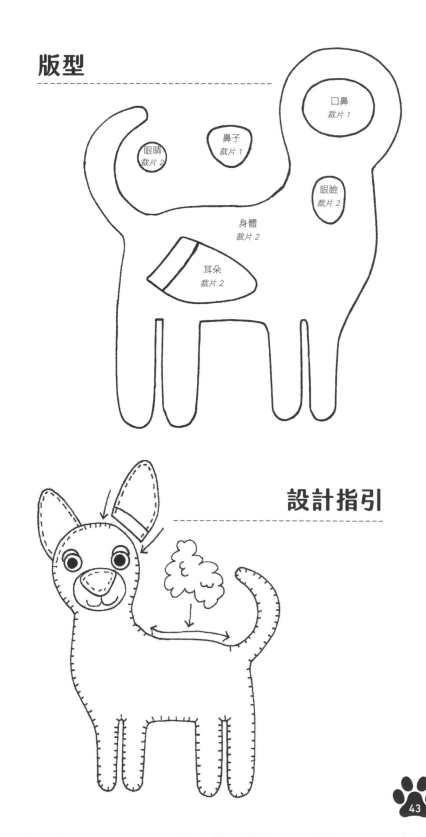

版型

口鼻
裁片 1

眼睛
裁片 2

鼻子
裁片 1

眼瞼
裁片 2

身體
裁片 2

耳朵
裁片 2

設計指引

貴賓犬
POODLE

貴賓犬披著獨特華麗、茂密微捲的絨毛，有別於狗狗容易掉毛的習性，擁有這種毛的貴賓犬很適合易過敏的愛狗人士飼養。貴賓犬的毛抗潮耐濕，因為最初牠們是為了銜回獵得野鴨而培育的水犬。還有，別被牠們的棉花糖耳朵、優雅的姿態與經常打理得亮麗貴氣的一身毛所騙了，貴賓犬可是世界上最聰明的犬種之一！

所需物品

- 白色毛氈布（身體）
- 乳白色毛氈布（尾巴和腳掌細節、頭髮、耳朵、口鼻、眼睛）
- 黑色毛氈布（鼻子）
- 縫線（白色、乳白色、黑色）
- 黑色兩腳釘2個（眼睛）
- 聚酯纖維填充棉
- 基本工具組

作法

1. 使用「版型」，剪出上列的毛氈布片圖案。

2. 參考「設計指引」疊放和手縫毛氈布片正面（請見〈設計指引用法〉和〈手縫針法解說〉），縫好狗狗的特色部位，加上兩腳釘。

3. 將毛氈布片正面和背面身體縫合，同時按照「設計指引」所示插入雙耳，並且預留填充的間隙。

4. 填充好之後，完全縫合。

版型

尾巴細節
裁片 1

耳朵
裁片 2

口鼻
裁片 1

身體
裁片 2

腳掌細節
裁片 4

鼻子
裁片 2

頭髮
裁片 1

眼睛
裁片 2

設計指引

馬爾濟斯
MALTESE

這些溫順的小白狗源於距今約2000年前的馬爾他（Malta），被認為是世界上最古老的犬種之一。牠們屬於玩賞犬類，因體型小巧而成為理想的伴侶犬。粗直長的毛髮為其特色，需要經常梳理。另外，馬爾濟斯犬也以挑食著名，許多主人不得不為牠們挑剔的味覺特製飲食。

馬爾濟斯一玩賞犬

46

所需物品

- 白色毛氈布（身體、耳朵和頭髮、眼睛）
- 乳白色毛氈布（口鼻）
- 淺米色毛氈布（尾巴、眉毛）
- 黑色毛氈布（鼻子）
- 縫線（乳白色、黑色）
- 黑色兩腳釘2個（眼睛）
- 聚酯纖維填充棉
- 基本工具組

作法

1. 使用「版型」，剪出上列的毛氈布片圖案。

2. 參考「設計指引」疊放和手縫毛氈布片正面（請見〈設計指引用法〉和〈手縫針法解說〉），縫好狗狗的特色部位，加上兩腳釘。

3. 將毛氈布片正面和背面身體縫合，同時按照「設計指引」所示插入雙耳，並且預留填充的間隙。

4. 填充好之後，完全縫合。

版型

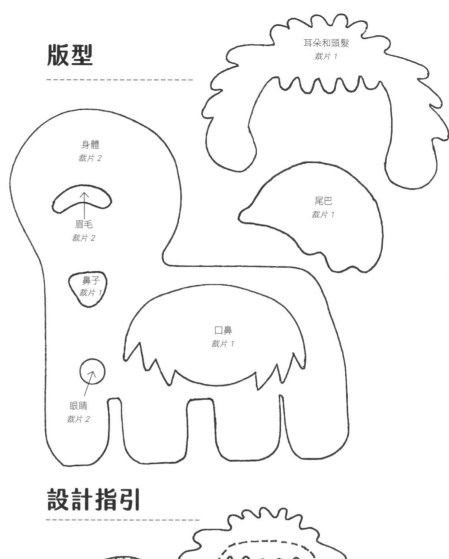

設計指引

蝴蝶犬
PAPILLON

英文名papillon源自法文，如果你明白其原是蝴蝶之意，便會對這個名字會心一笑。這些擁有翅膀狀直立大耳的獨特狗狗，源於17世紀的法國，曾是皇室的伴侶犬。經常被暱稱為巴比（pap）的牠們很受歡迎，非常像迷你版的獵犬，因此也被稱為歐陸玩賞獵犬。好幾位世界上最偉大的藝術家曾將蝴蝶犬放入畫中，你可以發現牠們曾出現在哥雅（Goya）、魯本斯（Rubens）、林布蘭（Rembrandt）和提香（Titian）的作品中。

所需物品

- 乳白色毛氈布（身體、尾巴、鬍鬚）
- 深褐色毛氈布（臉部細節、身體斑印）
- 黑色毛氈布（耳朵、鼻子）
- 縫線（深褐色、乳白色、黑色）
- 黑色兩腳釘2個（眼睛）
- 聚酯纖維填充棉
- 基本工具組

作法

1. 使用「版型」，剪出上列的毛氈布片圖案。

2. 參考「設計指引」疊放和手縫毛氈布片正面（請見〈設計指引用法〉和〈手縫針法解說〉），縫好狗狗的特色部位，加上兩腳釘。

3. 將毛氈布片正面和背面身體縫合，同時按照「設計指引」所示插入雙耳，並且預留填充的間隙。

4. 填充好之後，完全縫合。

版型

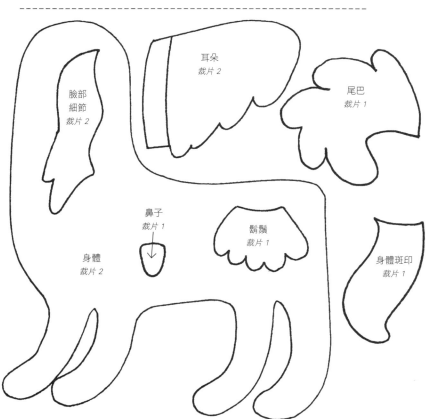

設計指引

實用犬 UTILITY DOGS

大麥町犬

DALMATIAN

大麥町犬或許以著名電影《101忠狗》（101 Dalmatians）的明星身分最為人所知。該電影改編自杜迪・史密斯（Dodie Smith）的兒童小說，作者本人非常喜愛大麥町犬，自己也養了一隻。大麥町犬在出生時是全白色的，約兩週大時斑點才會出現。儘管牠們曾經出現在古埃及的壁畫中，但人們對其起源知之甚少。大麥町犬以微笑聞名，你可以隨時觀察牠們瞬間的咧嘴燦笑——說一聲「起～司」！

所需物品

- 🐾 白色毛氈布（身體、耳朵）
- 🐾 黑色毛氈布（斑點、鼻子）
- 🐾 縫線（白色、黑色）
- 🐾 黑色兩腳釘2個（眼睛）
- 🐾 聚酯纖維填充棉
- 🐾 基本工具組

作法

1. 使用「版型」，剪出上列的毛氈布片圖案。

2. 參考「設計指引」疊放和手縫毛氈布片正面（請見〈設計指引用法〉和〈手縫針法解說〉），縫好狗狗的特色部位，加上兩來腳釘。

3. 將毛氈布片正面和背面身體縫合，同時按照「設計指引」所示插入雙耳，並且預留填充的間隙。

4. 填充好之後，完全縫合。

版型

✦ 斑點
依狗狗照片裁剪出大小不一的圖案

身體
裁片 2

鼻子
裁片 1

耳朵
裁片 2

設計指引

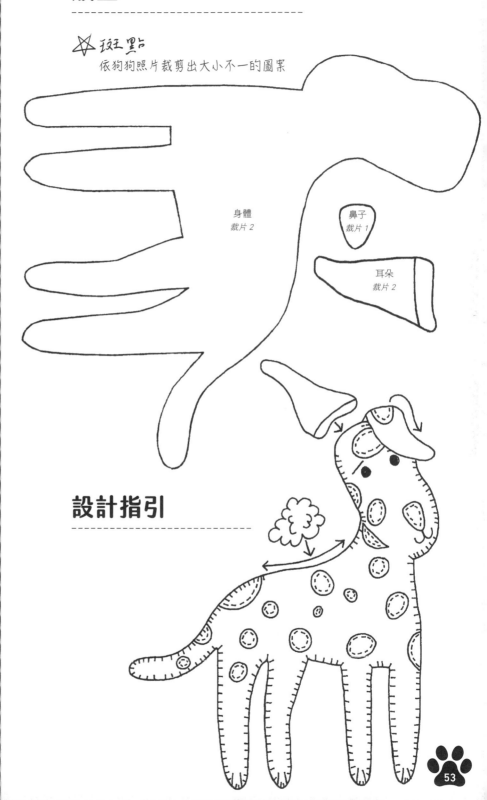

鬆獅犬
CHOW CHOW

鬆獅犬的模樣像一頭溫和的獅子。牠們有一雙深邃的眼睛,頭部因為蓬鬆厚密的鬃毛而顯得更巨大。除了毛髮部分,與眾不同的藍黑色舌頭也是主要特色。大部分人認為牠們源自蒙古和中國北部,並推測其為全世界最古老的犬種之一,而目前基因測試也證實了這一點。弗洛伊德和維多利亞女王都是最有名的鬆獅犬迷,兩人皆飼養了這小夥伴作為寵物。

所需物品

- 中芥末黃色毛氈布（身體）
- 淺芥末黃色毛氈布（口鼻、尾巴、耳朵）
- 黑色毛氈布（鼻子）
- 藍黑或灰色毛氈布（舌頭）
- 中芥末黃色羊毛粗紗（身體）
- 縫線（中芥末黃色、淺芥末黃色、灰色、黑色）
- 黑色兩腳釘2個（眼睛）
- 聚酯纖維填充棉
- 基本工具組

作法

1. 參考右側「設計指引」，用羊毛粗紗針戳作為身體部份的中芥末黃色毛氈布片。

2. 使用「版型」，剪出上列的毛氈布片圖案，經針戳毛氈的布片用於正面身體。

3. 參考「設計指引」疊放和手縫毛氈布片正面（請見〈手縫針法解説〉），縫好狗狗的特色部位，加上兩腳釘。

4. 將毛氈布片正面和背面身體縫合，同時按照「設計指引」所示插入雙耳，並且預留填充的間隙。

5. 填充好之後，完全縫合。

版型

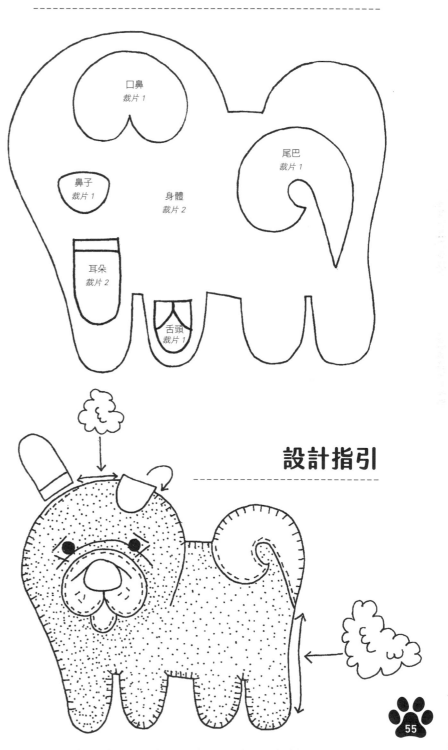

設計指引

法國鬥牛犬
FRENCH BULLDOG

法國鬥牛犬是矮胖結實的小狗，牠們看起來一臉脾氣暴躁，總是豎著蝙蝠樣的大耳朵！這雙耳朵透露了其愛玩又特別調皮的天性。在19世紀工業革命期間，這個犬種很受英國諾丁漢一帶紡織工的喜愛，而當時面臨裁員的威脅時，工人們帶著這些小狗前往法國諾曼第扎根，也因為如此，牠們的名字經常被簡稱為法國仔（Frenchie）。

所需物品

- 乳白色毛氈布（身體）
- 黑色毛氈布（耳朵和臉部斑印、身體斑印、鼻子）
- 白色毛氈布（眼睛）
- 縫線（乳白色、黑色）
- 黑色兩腳釘2個（眼睛）
- 聚酯纖維填充棉
- 基本工具組

作法

1. 使用「版型」，剪出上列的毛氈布片圖案。

2. 參考「設計指引」疊放和手縫毛氈布片正面（請見〈設計指引用法〉和〈手縫針法解說〉），縫好狗狗的特色部位，加上兩腳釘。

3. 將毛氈布片正面和背面身體縫合，同時按照「設計指引」所示插入雙耳，並且預留填充的間隙。

4. 填充好之後，完全縫合。

版型

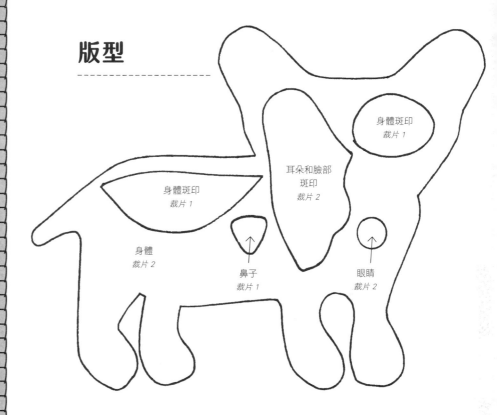

身體斑印
裁片 1

身體斑印
裁片 1

耳朵和臉部
斑印
裁片 2

身體
裁片 2

鼻子
裁片 1

眼睛
裁片 2

設計指引

鬥牛犬
BULLDOG

這個肌肉發達的矮胖小狗是英格蘭最古老犬種之一，也常被稱為英國鬥牛犬。由於牠臉皮皺褶多，外表看起來很兇惡，但別擔心！鬥牛犬勇敢自信、個性隨和又心地柔軟。英國首相邱吉爾（Winston Churchill）曾經飼養的寵物中，就有一隻名叫Dodo的鬥牛犬。

所需物品

- ☙ 乳白色毛氈布（身體、口鼻、眼睛）
- ☙ 棕褐色毛氈布（身體斑印、臉部斑印、腿部斑印、腳掌斑印、外耳）
- ☙ 黑色毛氈布（鼻子）
- ☙ 淺褐色毛氈布（內耳）
- ☙ 粉紅色毛氈布（舌頭）
- ☙ 縫線（棕褐色、淺褐色、乳白色、粉紅色、黑色）
- ☙ 黑色兩腳釘2個（眼睛）
- ☙ 聚酯纖維填充棉
- ☙ 基本工具組

作法

1. 使用「版型」，剪出上列的毛氈布片圖案。

2. 參考「設計指引」疊放和手縫毛氈布片正面（請見〈設計指引用法〉和〈手縫針法解說〉），縫好狗狗的特色部位，加上兩腳釘。

3. 將毛氈布片正面和背面身體縫合，同時按照「設計指引」所示插入雙耳，並且預留填充的間隙。

4. 填充好之後，完全縫合。

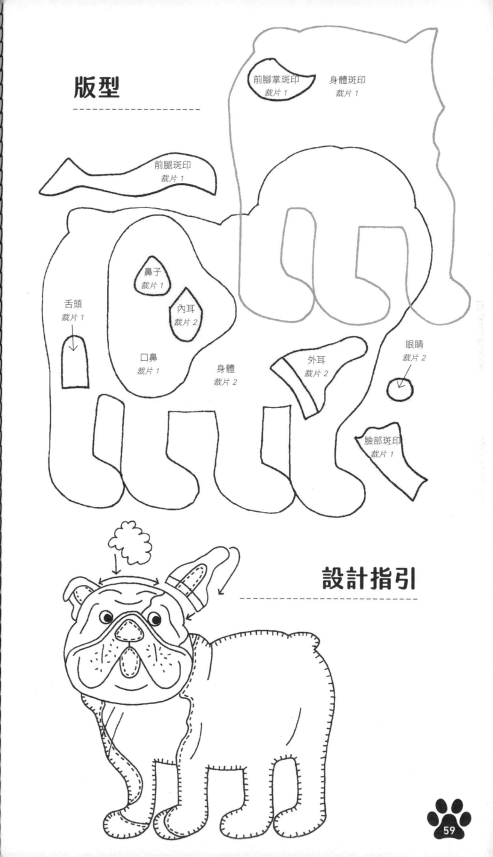

版型

前腳掌斑印 裁片1
身體斑印 裁片1
前腿斑印 裁片1
舌頭 裁片1
鼻子 裁片1
內耳 裁片2
口鼻 裁片1
身體 裁片2
外耳 裁片2
眼睛 裁片2
臉部斑印 裁片1

設計指引

59

迷你雪納瑞犬
MINIATURE
SCHNAUZER

最初在德國，為捕殺害蟲而培養的雪納瑞犬相當有特色！這些強壯結實的小狗，擁有大濃眉、剛硬的髭鬚和茂密的鬍子，無論是什麼顏色的雪納瑞犬，有辨識度的外表讓人一眼便能認出。最受歡迎的毛色是椒鹽灰和黑銀色。

所需物品

- 灰色毛氈布（身體、耳朵）
- 白色毛氈布（口鼻、腿部斑印、眉毛）
- 黑色毛氈布（鼻子）
- 縫線（灰色、白色）
- 黑色兩腳釘2個（眼睛）
- 聚酯纖維填充棉
- 基本工具組

作法

1. 使用「版型」，剪出上列的毛氈布片圖案。

2. 參考「設計指引」疊放和手縫毛氈布片正面（請見〈設計指引用法〉和〈手縫針法解說〉），縫好狗狗的特色部位，加上兩腳釘。

3. 將毛氈布片正面和背面身體縫合，同時按照「設計指引」所示插入雙耳，並且預留填充的間隙。

4. 填充好之後，完全縫合。

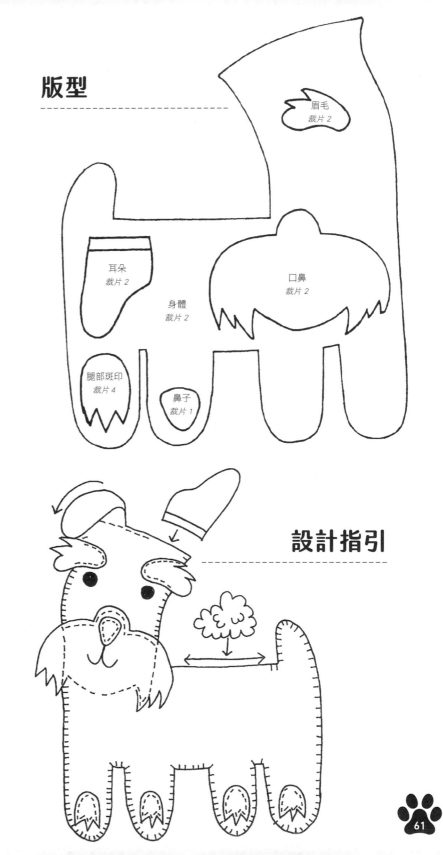

版型

眉毛
裁片 2

耳朵
裁片 2

口鼻
裁片 2

身體
裁片 2

腿部斑印
裁片 4

鼻子
裁片 1

設計指引

米格魯
BEAGLE

在19世紀初引入英格蘭。牠們是獵犬,專為嗅出野兔
等小動物的氣味而飼育——牠們的嗅覺比我們好上幾
萬倍!米格魯是俊俏的狗狗,天性溫和可愛,難怪會
成為著名卡通人物史努比(Snoopy)的靈感來源。

所需物品

- 乳白色毛氈布（身體）
- 中褐色毛氈布（臉部、身體和尾巴斑印、耳朵）
- 淺褐色毛氈布（口鼻）
- 黑色毛氈布（鼻子、背部斑印）
- 縫線（中褐色、淺褐色、乳白色、黑色）
- 黑色兩腳釘2個（眼睛）
- 聚酯纖維填充棉
- 基本工具組

作法

1. 使用「版型」，剪出上列的毛氈布片圖案。

2. 參考「設計指引」疊放和手縫毛氈布片正面（請見〈設計指引用法〉和〈手縫針法解說〉），縫好狗狗的特色部位，加上兩腳釘。

3. 將毛氈布片正面和背面身體縫合，同時按照「設計指引」所示插入雙耳，並且預留填充的間隙。

4. 填充好之後，完全縫合。

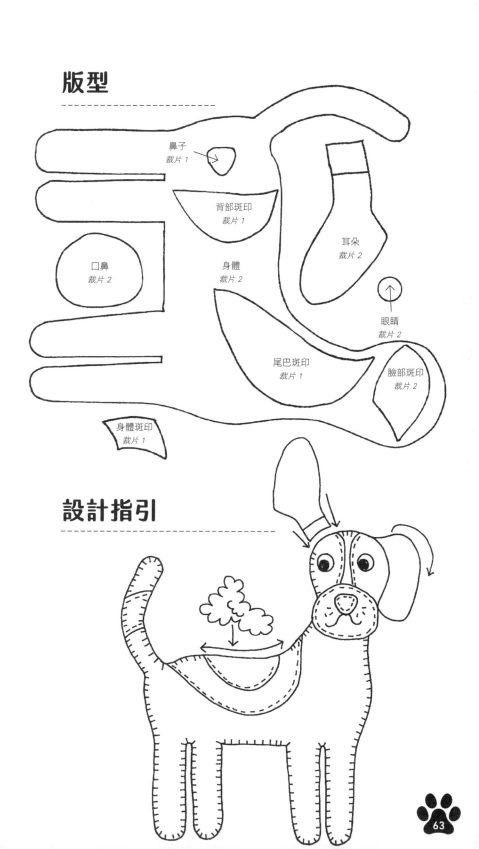

版型

鼻子
裁片 1

背部斑印
裁片 1

耳朵
裁片 2

口鼻
裁片 2

身體
裁片 2

眼睛
裁片 2

尾巴斑印
裁片 1

臉部斑印
裁片 2

身體斑印
裁片 1

設計指引

拉薩犬
LHASA APSO

來自西藏的拉薩犬曾是僧侶飼養的寵物，因此牠們同時扮演著守護寺廟、僧院的重要角色，更以西藏首府拉薩來為其命名，受贈一隻拉薩犬更被視為吉祥之兆。拉薩犬是迷你犬，但牠們自認為個子大，牠們的厚重長毛需要悉心梳理才能保持最佳狀態。與這個犬種相處可能需要一點時間，因為牠們通常對陌生人有高度警戒心，但你的耐心將會獲得熱情的回報。

所需物品

* 乳白色毛氈布（身體、眼睛）
* 雜深灰色毛氈布（臉部和身體斑印）
* 深灰色毛氈布（耳朵、尾巴）
* 淺灰色毛氈布（眉毛）
* 黑色毛氈布（鼻子）
* 縫線（灰色、黑色）
* 黑色兩腳釘2個（眼睛）
* 聚酯纖維填充棉
* 基本工具組

作法

1. 使用「版型」，剪出上列的毛氈布片圖案。

2. 參考「設計指引」疊放和手縫毛氈布片正面（請見〈設計指引用法〉和〈手縫針法解說〉），縫好狗狗的特色部位，加上兩腳釘。

3. 將毛氈布片正面和背面身體縫合，同時按照「設計指引」所示插入雙耳，並且預留填充的間隙。

4. 填充好之後，完全縫合。

版型

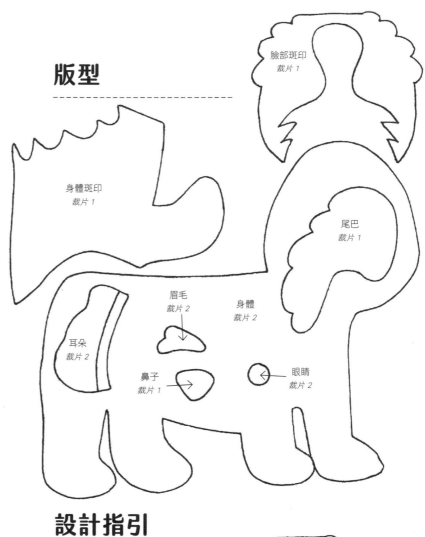

臉部斑印
裁片 1

身體斑印
裁片 1

尾巴
裁片 1

眉毛
裁片 2

身體
裁片 2

耳朵
裁片 2

鼻子
裁片 1

眼睛
裁片 2

設計指引

牧羊犬 PASTORAL BREEDS

邊境牧羊犬
BORDER COLLIE

邊境牧羊犬，別名邊境柯利犬，來自英格蘭、蘇格蘭和威爾斯的邊境縣郡，最早可以追溯到18世紀。今日，這些聰明的狗狗依然用於放牧，因為牠們熱愛集合羊群，並樂此不疲──事實上，牠們喜歡集合任何會動的東西。邊境牧羊犬喜歡一直動，精力極度旺盛，無窮體力讓牠們可以每天輕鬆跑上60英哩。牠們天性聰明又溫馴，因而得以成為偉大演員，經年出演多部好萊塢電影。

所需物品

- 乳白色毛氈布（身體、口鼻、眼睛）
- 黑色毛氈布（臉部和身體斑印、外耳、鼻子）
- 淡米色毛氈布（鬍鬚、內耳）
- 縫線（淡米色、乳白色、黑色）
- 黑色兩腳釘2個（眼睛）
- 聚酯纖維填充棉
- 基本工具組

作法

1. 使用「版型」，剪出上列的毛氈布片圖案。

2. 參考「設計指引」疊放和手縫毛氈布片正面（請見〈設計指引用法〉和〈手縫針法解說〉），縫好狗狗的特色部位，加上兩腳釘。

3. 將毛氈布片正面和背面身體縫合，同時按照「設計指引」所示插入雙耳，並且預留填充的間隙。

4. 填充好之後，完全縫合。

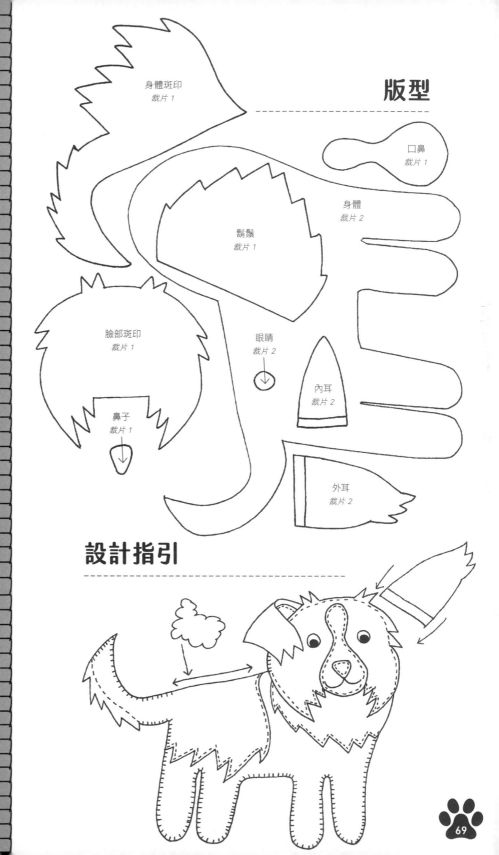

版型

身體斑印
裁片 1

口鼻
裁片 1

身體
裁片 2

鬍鬚
裁片 1

臉部斑印
裁片 1

眼睛
裁片 2

內耳
裁片 2

鼻子
裁片 1

外耳
裁片 2

設計指引

伯瑞犬
BRIARD

對於這古老犬種的描繪在8世紀法國壁毯上即可發現。伯瑞犬源於法國布里（Brie）地區，用於看守、放牧綿羊和其他牲畜。牠是精力旺盛的大毛球，擁有茂密粗硬且需要定期梳理的長毛，以及大大的口鼻和漂亮的小鬍子。雖然這個犬種對陌生人毫不理睬，但很喜歡與牠的一群人類家人作伴！

所需物品

- 🐾 淺褐色毛氈布（身體）
- 🐾 深褐色毛氈布（臉部）
- 🐾 中褐色毛氈布（眉毛、臉部細節、腿部細節）
- 🐾 黑色毛氈布（鼻子）
- 🐾 乳白色毛氈布（眼睛）
- 🐾 縫線（深褐色、中褐色、黑色）
- 🐾 黑色兩腳釘2個（眼睛）
- 🐾 聚酯纖維填充棉
- 🐾 基本工具組

作法

1. 使用「版型」，剪出上列的毛氈布片圖案。

2. 參考「設計指引」疊放和手縫毛氈布片正面（請見〈設計指引用法〉和〈手縫針法解説〉），縫好狗狗的特色部位，加上兩腳釘。

3. 將毛氈布片正面和背面身體縫合，同時按照「設計指引」所示插入雙耳，並且預留填充的間隙。

4. 填充好之後，完全縫合。

版型

臉部
裁片 1

眼睛
裁片 2

眉毛
裁片 2

臉部細節
裁片 1

鼻子
裁片 1

腿部細節
裁片 4

身體
裁片 2

設計指引

德國牧羊犬
GERMAN SHEPHERD

德國牧羊犬，又名阿爾薩斯犬（Alsatian），18世紀末在德國培育而成，用於放牧羊群，現今也可以看到這些聰明的狗狗在為軍警工作。同時，牠們也是很受歡迎的家庭寵物，無論活力或智力都高人一等的德牧，意味著需要大量的日常訓練，才能避免牠們胡鬧搗蛋。此外，有著雙層絨毛的德國牧羊犬全年都會掉毛，所以即使在室內也要做不少心理準備，請抓好吸塵器！

德國牧羊犬一牧羊犬

所需物品

- ❧ 淺褐色毛氈布（身體、臉部、耳朵）
- ❧ 米色毛氈布（鬍鬚）
- ❧ 黑色毛氈布（身體和眼部斑印、鼻子）
- ❧ 深褐色毛氈布（耳朵斑印）
- ❧ 芥末黃色毛氈布（臉部斑印）
- ❧ 乳白色毛氈布（眼睛）
- ❧ 縫線（褐色、乳白色、芥末黃色、黑色）
- ❧ 黑色兩腳釘2個（眼睛）
- ❧ 聚酯纖維填充棉
- ❧ 基本工具組

作法

1. 使用「版型」，剪出上列的毛氈布片圖案。

2. 參考「設計指引」疊放和手縫毛氈布片正面（請見〈設計指引用法〉和〈手縫針法解說〉），縫好狗狗的特色部位，加上兩腳釘。

3. 將毛氈布片正面和背面身體縫合，同時按照「設計指引」所示插入雙耳，並且預留填充的間隙。

4. 填充好之後，完全縫合。

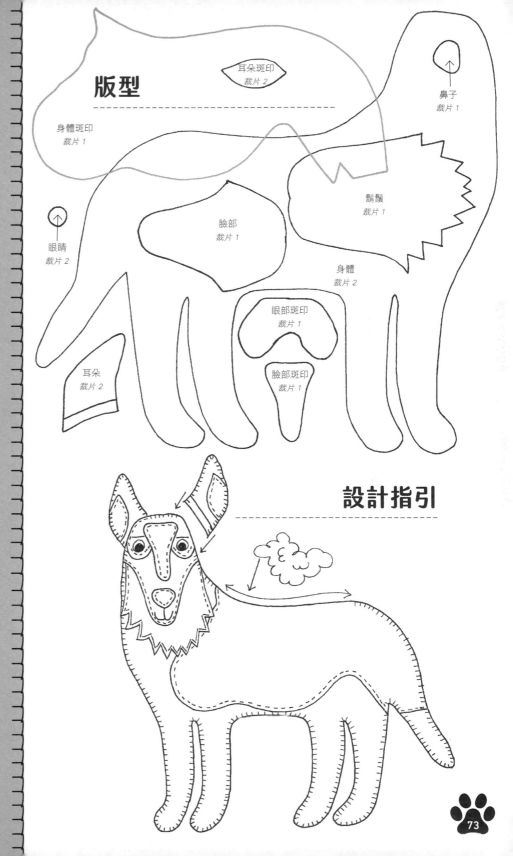

版型

耳朵斑印
裁片 2

身體斑印
裁片 1

鼻子
裁片 1

眼睛
裁片 2

臉部
裁片 1

鬍鬚
裁片 1

身體
裁片 2

眼部斑印
裁片 1

臉部斑印
裁片 1

耳朵
裁片 2

設計指引

73

可蒙犬

KOMONDOR

可蒙犬是12和13世紀匈牙利境內的游牧民族庫曼人——他們所使用的語言是土耳其語——的護衛犬,牠們有很強的保護意識,對陌生人高度警戒,會保護牛、綿羊和山羊免受狼與熊的侵害。第二次世界大戰期間,牠們曾被用於守衛軍事設施,但不少狗狗在執行任務時遭到殺害。可蒙犬的一身毛可以幫助牠們禦寒禦熱,同時也像一套盔甲,避免牠們在守衛執勤時可能遭遇的咬傷。不過,牠們獨特的細繩狀密毛需要主人們定期梳理。

74

所需物品

* 淺褐色毛氈布（身體）

* 黑色毛氈布（鼻子）

* 乳白色毛氈布（眼睛）

* 乳白色超粗毛線4.5公尺，請剪成50條9公分長的毛線（這裡使用的織針為英規15mm／美規15）

* 縫線（淺褐色、乳白色、黑色）

* 黑色兩腳釘2個（眼睛）

* 聚酯纖維填充棉

* 基本工具組

作法

1. 使用「版型」，剪出上列的毛氈布片圖案。

2. 參考右側「設計指引」疊放毛氈布片，縫好狗狗的特色部位（請見〈手縫針法解說〉），並加上兩腳釘。

3. 將一段毛線折半，找到中間點，用幾道小針把毛線縫到毛氈布片上。從最下面一排開始，依序向上作業，這樣一來，每一排都可以蓋住下方的針腳。

4. 將完成的正面和背面縫合，預留填充的間隙。

5. 填充好之後，完全縫合。

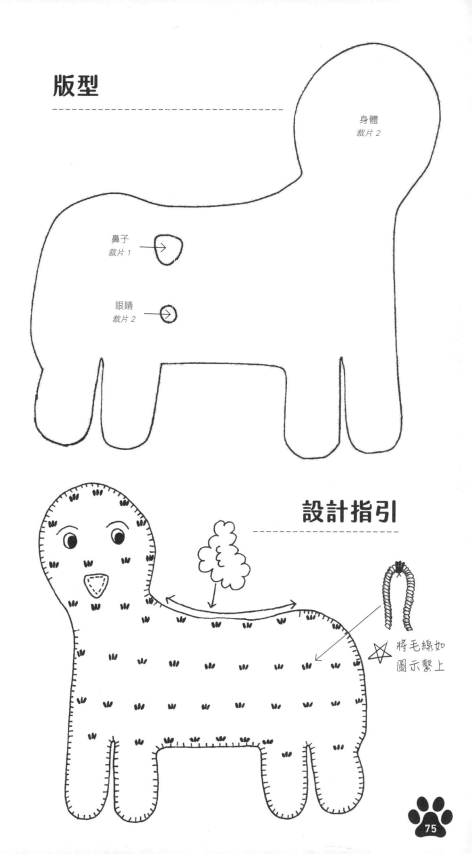

版型

身體
裁片 2

鼻子
裁片 1

眼睛
裁片 2

設計指引

將毛線如圖示繫上

英國古代牧羊犬
OLD ENGLISH SHEEPDOG

1961年，英國古代牧羊犬首度在多樂士（Dulux）的油漆廣告中亮相，從此成為家喻戶曉的「多樂士犬」！歷史記載，牠們會協助農夫將牛羊趕到市集，一身絨毛讓牠們得以融入守衛與放牧的羊群。英國古代牧羊犬需要悉心養護梳理，牠們獨特的粗密長毛總是覆蓋在眼睛上，但依然可以看得一清二楚！

所需物品

- ❀ 乳白色毛氈布（身體）
- ❀ 白色毛氈布（耳朵細節、頭髮、胸部斑印）
- ❀ 淺灰色毛氈布（耳朵、身體斑印、尾巴）
- ❀ 黑色毛氈布（鼻子）
- ❀ 乳白色羊毛粗紗（腿部）
- ❀ 縫線（白色、乳白色、淺灰色、黑色）
- ❀ 黑色兩腳釘2個（眼睛）
- ❀ 聚酯纖維填充棉
- ❀ 基本工具組

作法

1. 使用「版型」，剪出上列的毛氈布片圖案。

2. 參考右側「設計指引」擺好位置，用羊毛粗紗針戳腿部毛氈。

3. 參考「設計指引」疊放和手縫毛氈布片正面（請見〈手縫針法解說〉），縫好狗狗的特色部位，加上兩腳釘。

4. 將毛氈布片正面和背面身體縫合，同時按照「設計指引」所示插入雙耳，並且預留填充的間隙。

5. 填充好之後，完全縫合。

版型

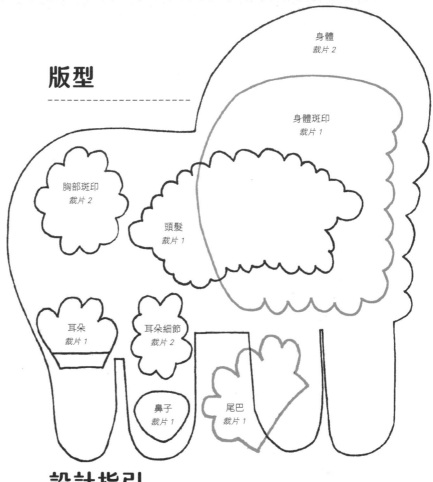

設計指引

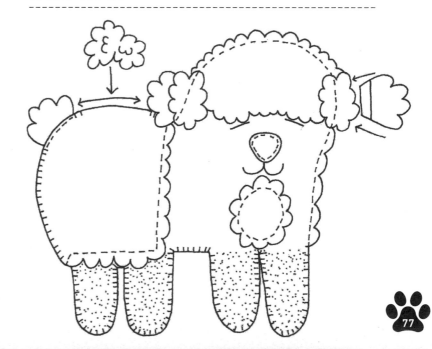

蘇格蘭牧羊犬
ROUGH COLLIE

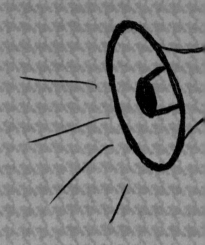

蘇格蘭牧羊犬，又名粗毛科利犬。外表酷似獅子，有著一身華麗的濃密粗毛，只有臉部和耳朵部分為軟毛。牠們的毛極為厚實，表面摸起來頗粗糙，但底下是非常柔軟的絨毛。蘇格蘭牧羊犬很聰明，總想討人歡心，而且本能地知道什麼事情不對勁。此一特徵使其成為在著名的書與電影《靈犬萊西（Lassie Come-Home）》中扮演萊西的完美犬種。

LASSIE

所需物品

- 🐾 乳白色毛氈布（身體、口鼻、尾巴細節）
- 🐾 棕褐色毛氈布（身體和臉側細節、外耳）
- 🐾 淺褐色毛氈布（外側臉部細節）
- 🐾 深褐色毛氈布（內耳）
- 🐾 黑色毛氈布（鼻子）
- 🐾 縫線（褐色、乳白色、黑色）
- 🐾 黑色兩腳釘2個（眼睛）
- 🐾 聚酯纖維填充棉
- 🐾 基本工具組

作法

1. 使用「版型」，剪出上列的毛氈布片圖案。

2. 參考「設計指引」疊放和手縫毛氈布片正面（請見〈設計指引用法〉和〈手縫針法解說〉），縫好狗狗的特色部位，加上兩腳釘。

3. 將毛氈布片正面和背面身體縫合，同時按照「設計指引」所示插入雙耳，並且預留填充的間隙。

4. 填充好之後，完全縫合。

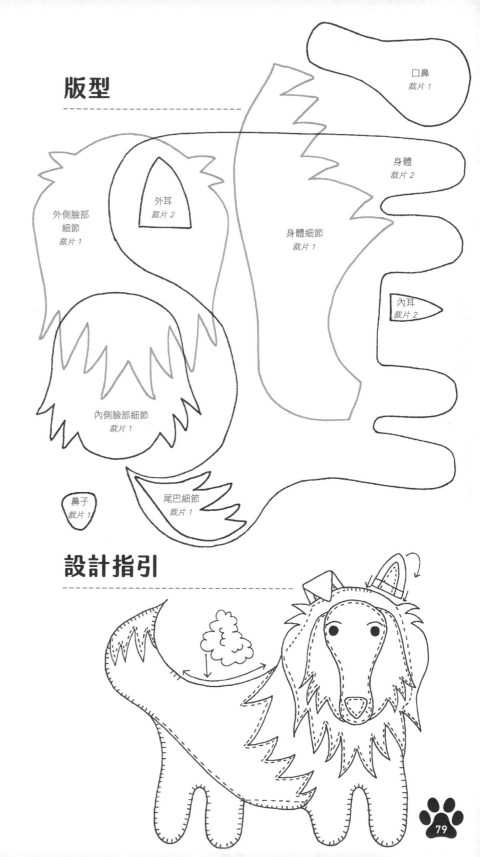

版型

口鼻
裁片 1

身體
裁片 2

外耳
裁片 2

外側臉部
細節
裁片 1

身體細節
裁片 1

內耳
裁片 2

內側臉部細節
裁片 1

鼻子
裁片 1

尾巴細節
裁片 1

設計指引

薩摩耶犬
SAMOYED

薩摩耶犬是豐厚蓬鬆的大白毛球，雖然看起來很漂亮，但需要非常悉心梳理才能維持其華麗的外表體態。牠們英文名字的正確發音是「Sam-a-YED」，但經常被簡稱為「薩米」（Sammies）。薩摩耶犬原為西伯利亞游牧部落用來放牧馴鹿和拉雪橇的犬種。牠們友善熱情，臉上總是掛著燦爛微笑。

所需物品

- 🐾 白色毛氈布（身體、外耳）
- 🐾 乳白色毛氈布（眼睛）
- 🐾 淡粉色毛氈布（內耳）
- 🐾 黑色毛氈布（鼻子）
- 🐾 白色羊毛粗紗（身體、外耳）
- 🐾 縫線（白色、淡粉色、灰色和黑色）
- 🐾 黑色兩腳釘2個（眼睛）
- 🐾 聚酯纖維填充棉
- 🐾 基本工具組

作法

1. 參考右側「設計指引」（請見〈設計指引用法〉），用羊毛粗紗針戳白色毛氈布片，針戳區域為1片身體圖案和2片外耳。

2. 使用「版型」，剪出上列的毛氈布片圖案，經針戳的布片用於正面身體和外耳。

3. 參考「設計指引」疊放和手縫毛氈布片正面（請見〈手縫針法解說〉），縫好狗狗的特色部位，加上兩腳釘。

4. 將毛氈布片正面和背面身體縫合，同時按照「設計指引」所示插入雙耳，並且預留填充的間隙。

5. 填充好之後，完全縫合。

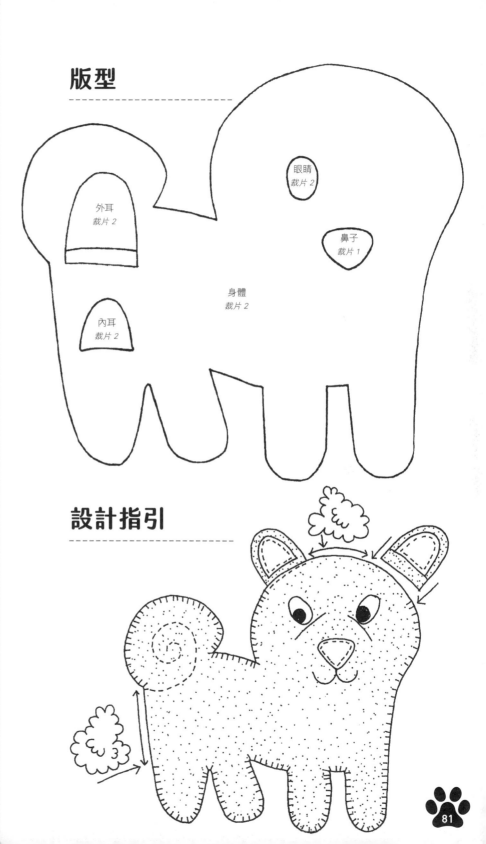

版型

眼睛
裁片 2

外耳
裁片 2

鼻子
裁片 1

身體
裁片 2

內耳
裁片 2

設計指引

工作犬
WORKING DOGS

秋田犬
AKITA

秋田犬源於17世紀，最初是在日本秋田山區培育的。我們今日最常見到的犬型，是日本原生秋田伊努犬（Japanese Akita Inu）的美國培育種。牠們結實強壯，過去常被用來獵殺野豬，以及護衛日本皇室的安全。秋田犬又象徵著健康與幸福，日本人有時還會送一尊小秋田犬雕像給摯愛的人呢！

所需物品

- 乳白色毛氈布（身體、尾巴）
- 中褐色毛氈布（臉部和身體斑印、外耳）
- 淺褐色毛氈布（眉毛）
- 淡黃色毛氈布（內耳）
- 黑色毛氈布（鼻子）
- 縫線（淺褐色、乳白色、黑色）
- 黑色兩腳釘2個（眼睛）
- 聚酯纖維填充棉
- 基本工具組

作法

1. 使用「版型」，剪出上列的毛氈布片圖案。

2. 參考「設計指引」疊放和手縫毛氈布片正面（請見〈設計指引用法〉和〈手縫針法解說〉），縫好狗狗的特色部位，加上兩腳釘。

3. 將毛氈布片正面和背面身體縫合，同時按照「設計指引」所示插入雙耳，並且預留填充的間隙。

4. 填充好之後，完全縫合。

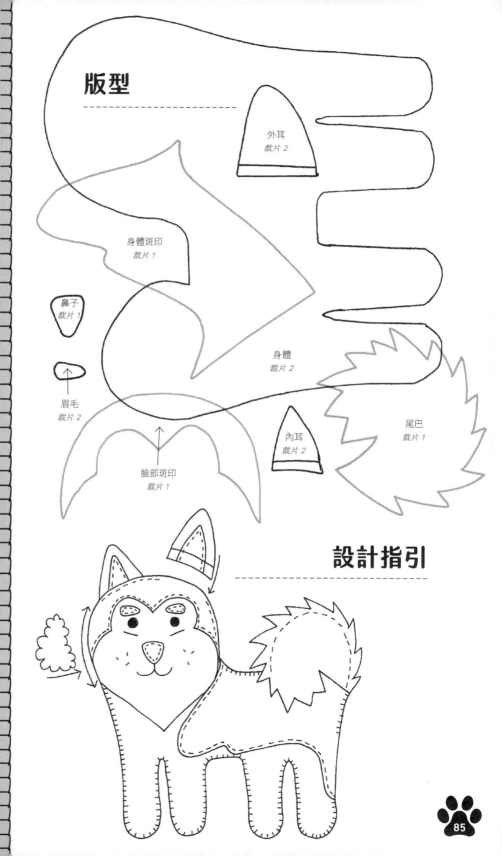

版型

外耳
裁片 2

身體斑印
裁片 1

鼻子
裁片 1

眉毛
裁片 2

身體
裁片 2

內耳
裁片 2

臉部斑印
裁片 1

尾巴
裁片 1

設計指引

西伯利亞哈士奇
SIBERIAN HUSKY

西伯利亞哈士奇，又稱西伯利亞雪橇犬或北極哈士奇犬，從字面上來看就明白其誕生於西伯利亞，血緣最親近的動物之一就是狼。游牧民族楚克奇（Chukchi）人大多利用牠們來駕長程雪橇。該犬種擁有美麗的雙層厚毛，因此得以在嚴寒氣候下保持身體暖和。牠們的臉部有一個面具般的框印，你還可以觀察到他們毛髮濃密的大尾巴和豎立的耳朵。

所需物品

- 乳白色毛氈布（身體、尾巴細節）
- 雜深灰色毛氈布（身體斑印、臉部毛絨、外耳）
- 雜淺灰色毛氈布（內耳、鬍鬚）
- 淡藍色毛氈布（眼睛）
- 黑色毛氈布（鼻子）
- 縫線（淺灰色、黑色）
- 黑色兩腳釘2個（眼睛）
- 聚酯纖維填充棉
- 基本工具組

作法

1. 使用「版型」，剪出上列的毛氈布片圖案。

2. 參考「設計指引」疊放和手縫毛氈布片正面（請見〈設計指引用法〉和〈手縫針法解說〉），縫好狗狗的特色部位，加上兩腳釘。

3. 將毛氈布片正面和背面身體縫合，同時按照「設計指引」所示插入雙耳，並且預留填充的間隙。

4. 填充好之後，完全縫合。

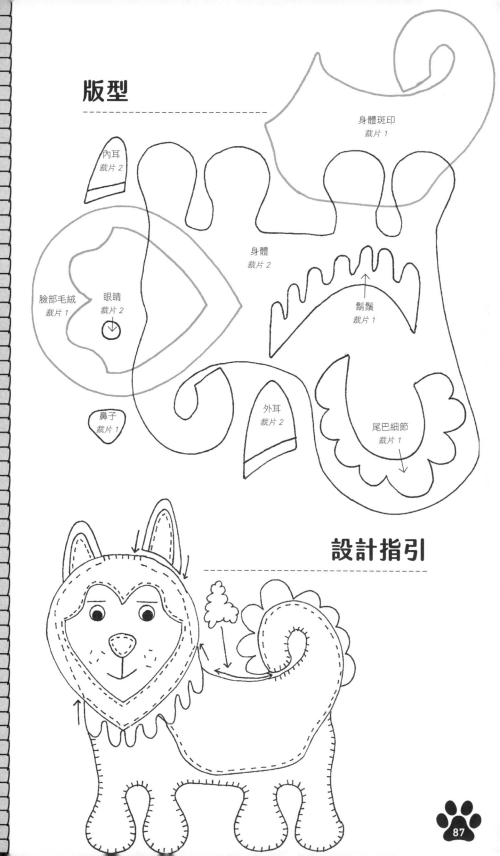

版型

內耳
裁片 2

身體斑印
裁片 1

臉部毛絨
裁片 1

眼睛
裁片 2

身體
裁片 2

鬍鬚
裁片 1

鼻子
裁片 1

外耳
裁片 2

尾巴細節
裁片 1

設計指引

威爾斯柯基犬
WELSH CORGI

威爾斯柯基犬有兩種，潘布魯克威爾斯柯基犬（Pembroke Welsh Corgi）和羊毛衫威爾斯柯基犬（Cardigan Welsh Corgi）。羊毛衫犬的體型比潘布魯克犬稍微大一點，從鼻子到尾端的身長約為一碼，因此也被稱為一碼犬（Yard Dog）。一般認為牠們源於威爾斯。潘布魯克犬種是英國女王殿下的最愛，多年來已經飼養了好幾隻。這些聰明的狗狗矮矮胖胖，腿腳短短，身軀嬌小呈長條形。牠們愛吠叫，有時可能很頑固，但同時也很得人喜愛！

所需物品

- 🐾 古銅色毛氈布（身體）
- 🐾 淺褐色毛氈布（內耳）
- 🐾 乳白色毛氈布（口鼻、眼睛、尾巴斑印）
- 🐾 白色毛氈布（胸部斑印）
- 🐾 黑色毛氈布（鼻子）
- 🐾 粉紅色毛氈布（舌頭）
- 🐾 縫線（古銅色、淺褐色、乳白色、白色、粉紅色、黑色）
- 🐾 黑色兩腳釘2個（眼睛）
- 🐾 聚酯纖維填充棉
- 🐾 基本工具組

作法

1. 使用「版型」，剪出上列的毛氈布片圖案。

2. 參考「設計指引」疊放和手縫毛氈布片正面（請見〈設計指引用法〉和〈手縫針法解說〉），縫好狗狗的特色部位，加上兩腳釘。

3. 將毛氈布片正面和背面身體縫合，同時按照「設計指引」所示插入雙耳，並且預留填充的間隙。

4. 填充好之後，完全縫合。

版型

設計指引

拳師犬
BOXER

擁有結實肌肉和下垂雙耳的拳師犬,源於20世紀初期的德國,為培育獵犬而出現。牠是出色的看門犬,同時也是可愛又極為熱情的家庭成員。牠們性格極佳,而且愛表演,常被暱稱為狗狗界的小丑。這些狗狗常喜歡用後腿站立,前腳掌向空中揮拳,就像一名拳擊手!

所需物品

- 深褐色毛氈布（身體、耳朵）
- 淺褐色毛氈布（口鼻）
- 乳白色毛氈布（臉部和眼部斑印、胸部和腳掌斑印）
- 黑色毛氈布（鼻子）
- 縫線（深褐色、中褐色、淺褐色、黑色）
- 黑色兩腳釘2個（眼睛）
- 聚酯纖維填充棉
- 基本工具組

作法

1. 使用「版型」，剪出上列的毛氈布片圖案。

2. 參考「設計指引」疊放和手縫毛氈布片正面（請見〈設計指引用法〉和〈手縫針法解說〉），縫好狗狗的特色部位，加上兩腳釘。

3. 將毛氈布片正面和背面身體縫合，同時按照「設計指引」所示插入雙耳，並且預留填充的間隙。

4. 填充好之後，完全縫合。

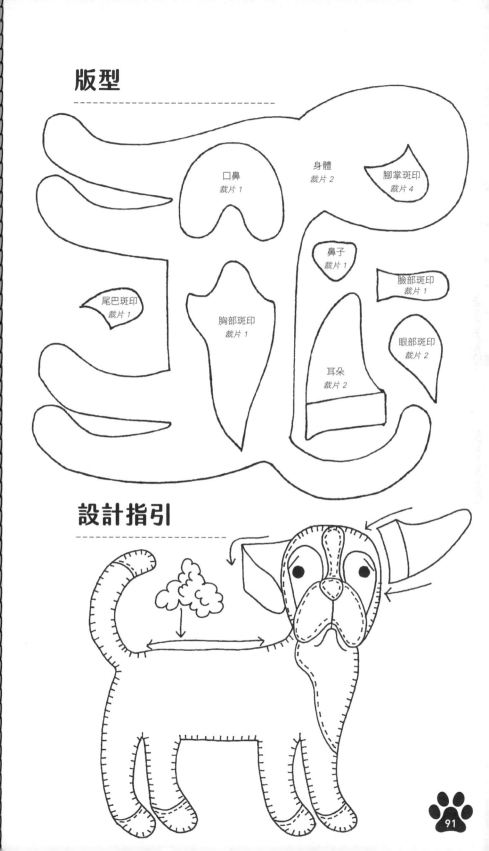

版型

口鼻
裁片 1

身體
裁片 2

腳掌斑印
裁片 4

鼻子
裁片 1

臉部斑印
裁片 1

尾巴斑印
裁片 1

胸部斑印
裁片 1

眼部斑印
裁片 2

耳朵
裁片 2

設計指引

鬥牛獒犬
BULLMASTIFF

顧名思義，鬥牛獒犬是鬥牛犬與獒犬交配所產生的犬種。該犬種被稱為「獵場看守人的守夜犬」（Gamekeeper's Night Dog），誕生於19世紀中期的英格蘭，用以守護莊園。除此之外，牠們還有另一個綽號：「溫和巨人」（Gentle Giant）。像是戴著黑色面具般的臉部，顯得格外方短，導致牠們常在睡覺時打鼾！

所需物品

- 雜中褐色毛氈布（身體）
- 深褐色毛氈布（臉部斑印）
- 淺褐色毛氈布（口鼻、耳朵）
- 雜米色毛氈布（眼部斑印）
- 黑色毛氈布（鼻子）
- 白色羊毛粗紗（胸部）
- 縫線（中褐色、米色、黑色）
- 黑色兩腳釘2個（眼睛）
- 聚酯纖維填充棉
- 基本工具組

作法

1. 使用「版型」，剪出上列的毛氈布片圖案。

2. 參考右側「設計指引」擺好位置（請見〈設計指引用法〉），用羊毛粗紗針戳胸部毛氈。

3. 參考「設計指引」疊放和手縫毛氈布片正面（請見〈手縫針法解說〉），縫好狗狗的特色部位，加上兩腳釘。

4. 將毛氈布片正面和背面身體縫合，同時按照「設計指引」所示插入雙耳，並且預留填充的間隙。

5. 填充好之後，完全縫合。

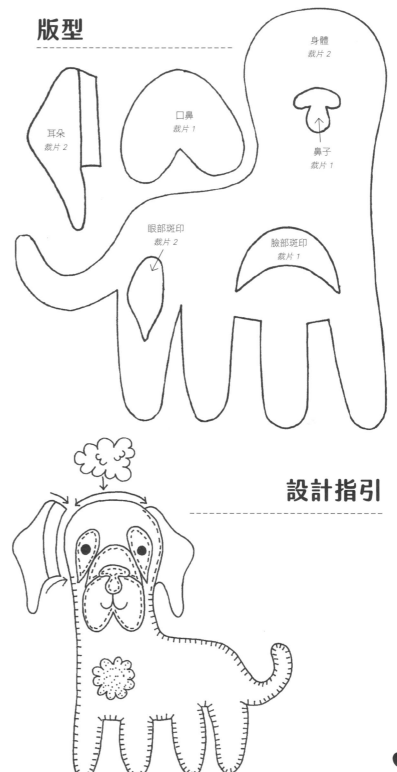

版型

設計指引

大丹犬
GREAT DANE

大丹犬源於德國，最初是為了狩獵野豬而飼養的。這些超大型狗狗看起來可能有點嚇人，但其實性情非常溫和。牠們是很友善的犬種，需要陪伴，不愛獨處。牠們會做任何事，像是試著坐在你的腿上！此外，只要大丹犬在一旁，沒有食物是可以安全倖免的，牠們可以輕易就碰觸到廚房桌面。愛吃點心的卡通人物狗狗史酷比（Scooby Doo）即是以大丹犬為原型創作出來的。

大丹犬—工作犬

所需物品

- 🐾 淺褐色毛氈布（身體）
- 🐾 中褐色毛氈布（耳朵）
- 🐾 黑色毛氈布（臉部）
- 🐾 粉紅色毛氈布（舌頭）
- 🐾 乳白色毛氈布（眼睛）
- 🐾 深灰色毛氈布（鼻子）
- 🐾 白色羊毛粗紗（胸部）
- 🐾 縫線（中褐色、灰色）
- 🐾 黑色兩腳釘2個（眼睛）
- 🐾 聚酯纖維填充棉
- 🐾 基本工具組

作法

1. 使用「版型」，剪出上列的毛氈布片圖案。

2. 參考右側「設計指引」擺好位置（請見〈設計指引用法〉），用羊毛粗紗針戳胸部毛氈。

3. 參考「設計指引」疊放和手縫毛氈布片正面（請見〈手縫針法解說〉），縫好狗狗的特色部位，加上兩腳釘。

4. 將毛氈布片正面和背面身體縫合，同時按照「設計指引」所示插入雙耳，並且預留填充的間隙。

5. 填充好之後，完全縫合。

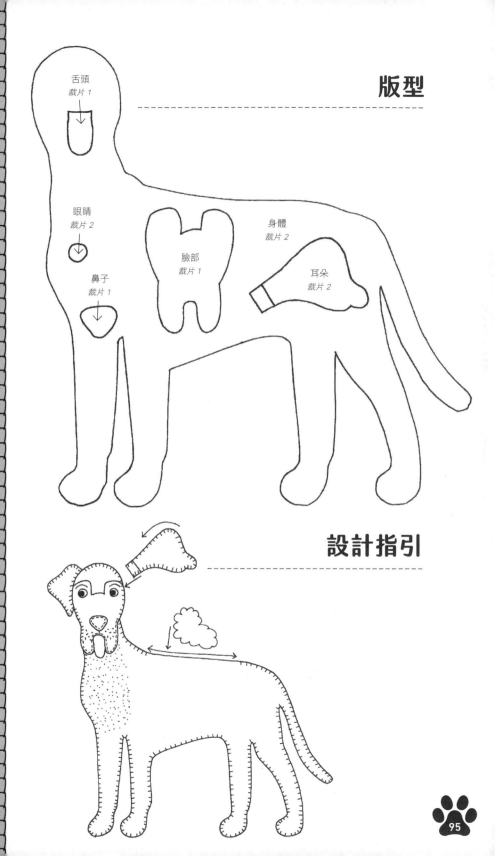

版型

設計指引

大瑞士山地犬
GREAT SWISS MOUNTAIN DOG

大瑞士山地犬,有時也會被稱為瑞士犬(Swissy),是瑞士最古老的犬種之一。牠們體格魁梧,骨架厚重,肌肉強健,還擁有黑白及赭色的雙層密毛。最初是為了牧牛而出現的,但牠們也壯得足以拉車,使之成為優秀的看門犬。大瑞士山地犬總是閒不下來,所以讓牠們保持忙碌吧!

所需物品

* 黑色毛氈布（身體、耳朵、鼻子）

* 棕褐色毛氈布（臉部和腿部斑印、眉毛）

* 深灰色毛氈布（臉部）

* 乳白色毛氈布（口鼻、尾巴斑印、鬍鬚、眼睛）

* 粉紅色毛氈布（舌頭）

* 縫線（棕褐色、粉紅色、乳白色和黑色）

* 黑色兩腳釘2個（眼睛）

* 聚酯纖維填充棉

* 基本工具組

作法

1. 使用「版型」，剪出上列的毛氈布片圖案。

2. 參考「設計指引」疊放和手縫毛氈布片正面（請見〈設計指引用法〉和〈手縫針法解說〉），縫好狗狗的特色部位，加上兩腳釘。

3. 將毛氈布片正面和背面身體縫合，同時按照「設計指引」所示插入雙耳，並且預留填充的間隙。

4. 填充好之後，完全縫合。

版型

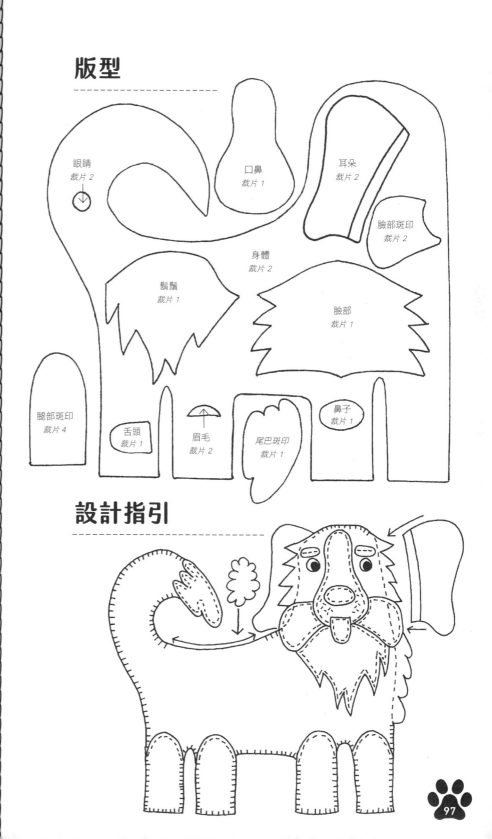

眼睛
裁片 2

口鼻
裁片 1

耳朵
裁片 2

臉部斑印
裁片 2

身體
裁片 2

鬍鬚
裁片 1

臉部
裁片 1

腿部斑印
裁片 4

舌頭
裁片 1

眉毛
裁片 2

尾巴斑印
裁片 1

鼻子
裁片 1

設計指引

槍獵犬 GUNDOGS

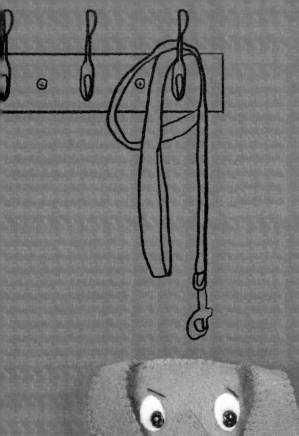

拉布拉多拾獵犬
LABRADOR RETRIEVER

拉布拉多拾獵犬更常被簡稱為拉布拉多犬（Labrador）或拉布（Lab）。牠們最初是多用途水犬，源於加拿大紐芬蘭（Newfoundland），為協助漁夫取回漁網而養育，天生的蹼掌使牠們成為厲害的游泳高手。在19世紀初期引入英國的拉布拉多犬，今日依然身列世界上最受歡迎的犬種前幾名。因較其它犬種來說相對容易訓練，很適合作為協助失明和弱視人士的導盲犬。

所需物品

* 中黃色毛氈布（身體）
* 深黃色毛氈布（耳朵）
* 中褐色毛氈布（口鼻）
* 乳白色毛氈布（眼睛）
* 黑色毛氈布（鼻子）
* 縫線（深黃色、中黃色、乳白色、黑色）
* 黑色兩腳釘2個（眼睛）
* 聚酯纖維填充棉
* 基本工具組

作法

1. 使用「版型」，剪出上列的毛氈布片圖案。

2. 參考「設計指引」疊放和手縫毛氈布片正面（請見〈設計指引用法〉和〈手縫針法解說〉），縫好狗狗的特色部位，加上兩腳釘。

3. 將毛氈布片正面和背面身體縫合，同時按照「設計指引」所示插入雙耳，並且預留填充的間隙。

4. 填充好之後，完全縫合。

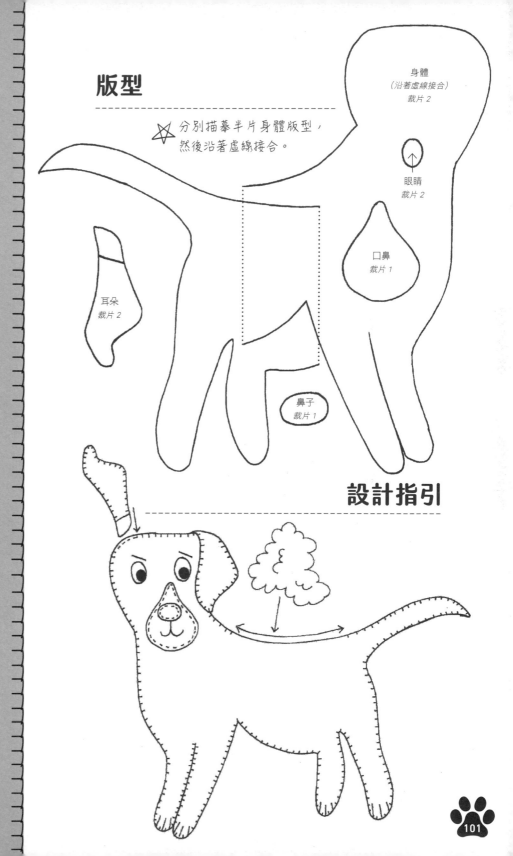

版型

☆ 分別描摹半片身體版型，然後沿著虛線接合。

身體
（沿著虛線接合）
裁片 2

眼睛
裁片 2

口鼻
裁片 1

耳朵
裁片 2

鼻子
裁片 1

設計指引

愛爾蘭雪達犬
IRISH SETTER

愛爾蘭雪達犬，又被稱為紅雪達犬（Red Setter），是一種擁有赤褐色或栗褐色亮麗毛色的優雅犬種。此犬種源於愛爾蘭，最初是為了尋找和拾回獵物而養育。牠們極為活潑，喜歡在戶外跑來跑去和玩耍，同時，牠們也非常調皮，因此牠們不是容易訓練的狗狗，有時還十分固執！

愛爾蘭雪達犬一槍獵犬

所需物品

- 中褐色毛氈布（身體、臉部、耳朵）

- 深褐色毛氈布（腿部細節、尾巴和胸部細節、眉毛）

- 乳白色毛氈布（眼睛）

- 黑色毛氈布（鼻子）

- 粉紅色毛氈布（舌頭）

- 縫線（深褐色、中褐色、乳白色、粉紅色、黑色）

- 黑色兩腳釘2個（眼睛）

- 聚酯纖維填充棉

- 基本工具組

作法

1. 使用「版型」，剪出上列的毛氈布片圖案。

2. 參考「設計指引」疊放和手縫毛氈布片正面（請見〈設計指引用法〉和〈手縫針法解說〉），縫好狗狗的特色部位，加上兩腳釘。

3. 將毛氈布片正面和背面身體縫合，同時按照「設計指引」所示插入雙耳，並且預留填充的間隙。

4. 填充好之後，完全縫合。

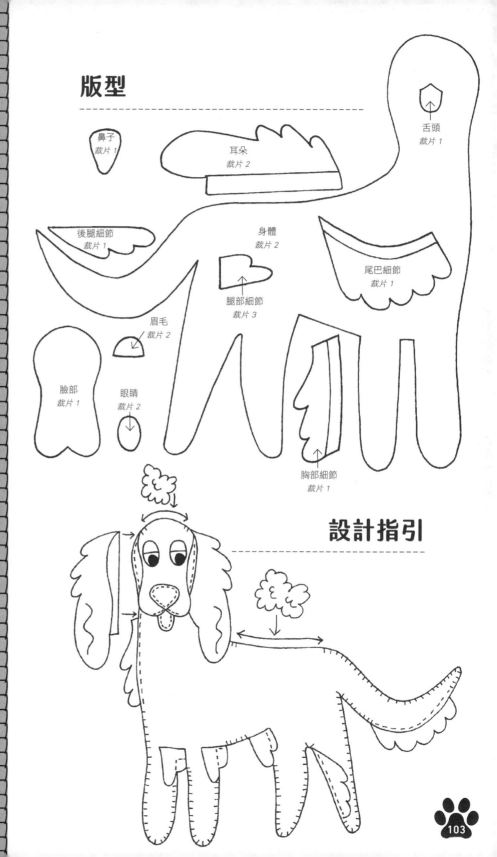

版型

鼻子
裁片 1

耳朵
裁片 2

舌頭
裁片 1

後腿細節
裁片 1

身體
裁片 2

尾巴細節
裁片 1

腿部細節
裁片 3

眉毛
裁片 2

臉部
裁片 1

眼睛
裁片 2

胸部細節
裁片 1

設計指引

黃金拾獵犬
GOLDEN RETRIEVER

黃金拾獵犬源於19世紀的蘇格蘭，由因弗內斯的特威德摩斯勳爵（Lord Tweedmouth）訓練產生，以作為他打獵時可以陪同長距離游泳的狗（防水雙層絨毛很適合高地氣候）。身為寵物犬，黃金拾獵犬可靠、有禮貌、聰明又值得信賴，這些特質讓牠們能夠適應大部分人類的生活方式。牠們很聰明，所以也是搜救行動的熱門犬。

所需物品

- 中黃色毛氈布（身體）
- 淺褐色毛氈布（耳朵）
- 中褐色毛氈布（眉毛）
- 乳白色毛氈布（眼睛）
- 黑色毛氈布（鼻子）
- 淡粉色毛氈布（舌頭）
- 縫線（深褐色、中黃色、乳白色、黑色、淡粉色）
- 黑色兩腳釘2個（眼睛）
- 聚酯纖維填充棉
- 基本工具組

作法

1. 使用「版型」，剪出上列的毛氈布片圖案。

2. 參考「設計指引」疊放和手縫毛氈布片正面（請見〈設計指引用法〉和〈手縫針法解說〉），縫好狗狗的特色部位，加上兩腳釘。

3. 將毛氈布片正面和背面身體縫合，同時按照「設計指引」所示插入雙耳，並且預留填充的間隙。

4. 填充好之後，完全縫合。

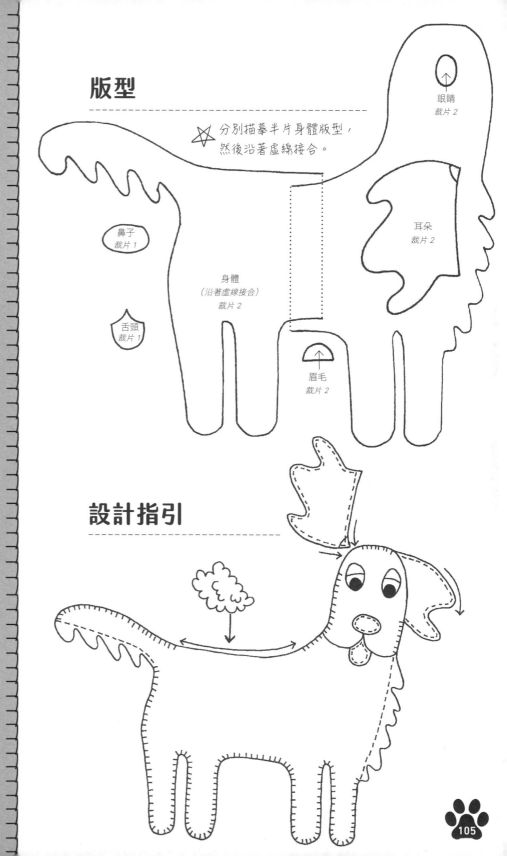

版型

分別描摹半片身體版型，然後沿著虛線接合。

鼻子
裁片 1

眼睛
裁片 2

耳朵
裁片 2

身體
（沿著虛線接合）
裁片 2

舌頭
裁片 1

眉毛
裁片 2

設計指引

指標犬
POINTER

指標犬又名英國指示犬（English Pointer），最早可追溯至19世紀左右，最初是為了「指示」鳥類和兔子等小獵物而豢養的。這個名字來自牠們在捕捉到獵物氣味，通知獵人其行蹤時所採取的姿勢——站著，紋風不動，低下頭來，鼻子指向獵物。牠的尾巴會保持橫放，與頭部和背部呈一直線，並將一隻前腿抬起來。

指標犬樂於在戶外奔跑，也喜歡與你一起在沙發上放鬆休息！

所需物品

- ❧ 乳白色毛氈布（身體、口鼻、眼睛）
- ❧ 深褐色毛氈布（臉部、耳朵、身體斑印）
- ❧ 黑色毛氈布（鼻子）
- ❧ 縫線（深褐色、乳白色、黑色）
- ❧ 黑色兩腳釘2個（眼睛）
- ❧ 聚酯纖維填充棉
- ❧ 基本工具組

作法

1. 使用「版型」，剪出上列的毛氈布片圖案。

2. 參考「設計指引」疊放和手縫毛氈布片正面（請見〈設計指引用法〉和〈手縫針法解說〉），縫好狗狗的特色部位，加上兩腳釘。

3. 將毛氈布片正面和背面身體縫合，同時按照「設計指引」所示插入雙耳，並且預留填充的間隙。

4. 填充好之後，完全縫合。

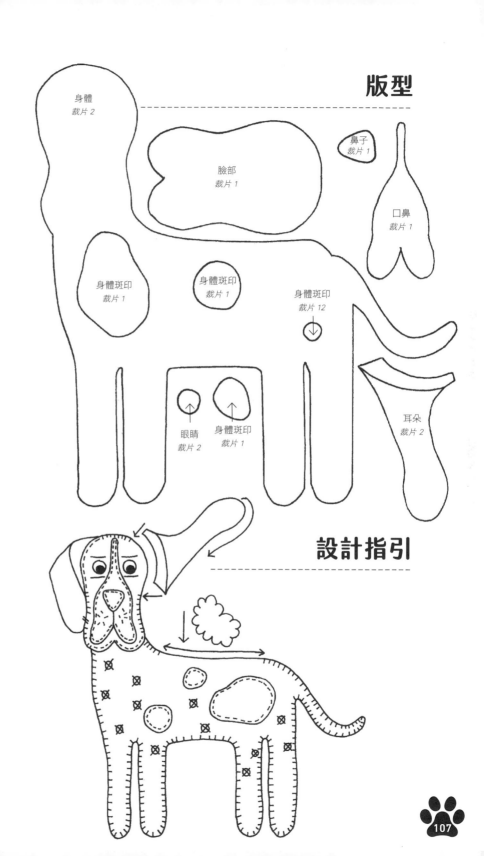

版型

身體
裁片 2

臉部
裁片 1

鼻子
裁片 1

口鼻
裁片 1

身體斑印
裁片 1

身體斑印
裁片 1

身體斑印
裁片 12

眼睛
裁片 2

身體斑印
裁片 1

耳朵
裁片 2

設計指引

可卡獵犬
COCKER SPANIEL

據說可卡獵犬的誕生地在西班牙，最初作為工作犬飼養。牠們極為友善，性情溫和，使牠們成為家庭寵物的熱門選擇。牠們喜歡與人作伴，渴望眾人喜歡，所以牠們無法成為優秀看門犬就不足為奇了。比起認真守衛家園，牠們更喜歡不停搖著尾巴，討好每一個人。電影《小姐與流氓》（Lady and the Tramp）中迷人的小姐角色，正是美國可卡獵犬。

所需物品

- 古銅色毛氈布（身體）
- 中褐色毛氈布（臉部斑印）
- 雜褐色毛氈布（耳朵、眉毛）
- 乳白色毛氈布（眼睛）
- 黑色毛氈布（鼻子）
- 縫線（古銅色、中褐色、乳白色、黑色）
- 黑色兩腳釘2個（眼睛）
- 聚酯纖維填充棉
- 基本工具組

作法

1. 使用「版型」，剪出上列的毛氈布片圖案。

2. 參考「設計指引」疊放並固定手縫毛氈布片正面（請見〈設計指引用法〉和〈手縫針法解說〉），縫好狗狗的特色部位，加上兩腳釘。

3. 將毛氈布片正面和背面身體縫合，同時預留填充的間隙，並且按照「設計指引」所示插入雙耳。請注意耳朵上的切割線，並沿著此線裁剪，讓耳朵接上時能夠坐落在正確位置。

4. 填充好之後，完全縫合。

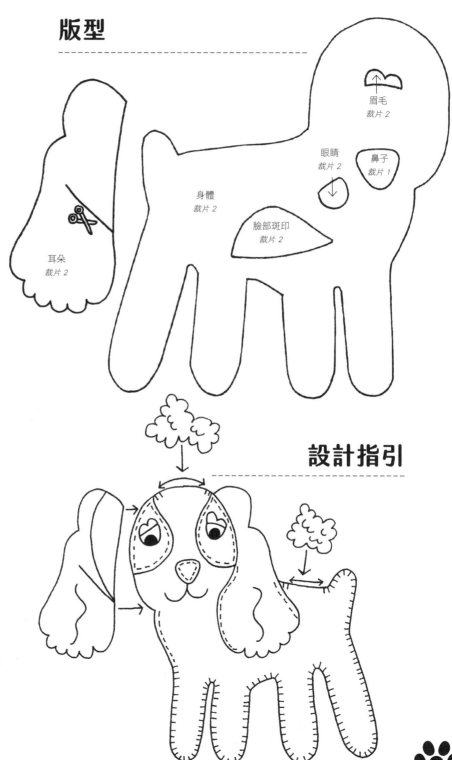

版型

眉毛
裁片 2

眼睛
裁片 2

鼻子
裁片 1

身體
裁片 2

臉部斑印
裁片 2

耳朵
裁片 2

設計指引

威瑪獵犬
WEIMARANER

威瑪獵犬又常簡稱為威瑪犬（Weim），源於德國威瑪（Weimar），當時是以威瑪大公（Grand Duke of Weimar）的名字來命名。該犬種的野外狩獵技能很強，能夠追蹤大型獵物。威瑪獵犬是英姿煥發的狗狗，美麗的銀毛在某些光線下看起來幾近藍色。出生時，小狗的眼睛是淡藍色的，六個月大時會開始變成琥珀色、金黃色或藍灰色。

所需物品

- 淺灰色毛氈布（身體）
- 中灰色毛氈布（口鼻、耳朵）
- 黑色毛氈布（鼻子）
- 藍色毛氈布（眼睛）
- 縫線（淺灰色、黑色）
- 黑色兩腳釘2個（眼睛）
- 聚酯纖維填充棉
- 基本工具組

作法

1. 使用「版型」，剪出上列的毛氈布片圖案。

2. 參考「設計指引」疊放和手縫毛氈布片正面（請見〈設計指引用法〉和〈手縫針法解說〉），縫好狗狗的特色部位，加上兩腳釘。

3. 將毛氈布片正面和背面身體縫合，同時按照「設計指引」所示插入雙耳，並且預留填充的間隙。

4. 填充好之後，完全縫合。

版型

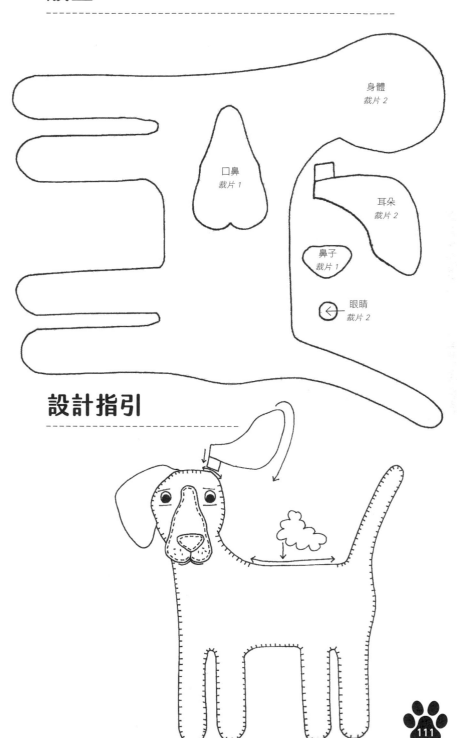

身體
裁片 2

口鼻
裁片 1

耳朵
裁片 2

鼻子
裁片 1

眼睛
裁片 2

設計指引

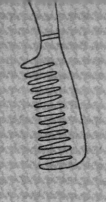
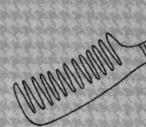

巴貝犬
BARBET

巴貝犬源於法國，又稱為法國水犬。顧名思義，牠們隨時可以下水，而這正是其罕見蹼足的有用之處！另外，牠們的濃密絨毛能夠防水，在極寒冷的水域也能發揮隔溫的保護作用。不過，巴貝犬的一身毛很容易糾纏打結，需要常常梳理。

所需物品

- 黑色毛氈布（身體、臉部和耳朵、鼻子）
- 深灰色毛氈布（口鼻、頭髮、眉毛）
- 粉紅色毛氈布（舌頭）
- 乳白色毛氈布（眼睛）
- 縫線（乳白色、黑色）
- 黑色兩腳釘2個（眼睛）
- 聚酯纖維填充
- 基本工具組

作法

1. 使用「版型」，剪出上列的毛氈布片圖案。

2. 參考「設計指引」疊放和手縫毛氈布片正面（請見〈設計指引用法〉和〈手縫針法解說〉），縫好狗狗的特色部位，加上兩腳釘。

3. 將毛氈布片正面和背面身體縫合，同時按照「設計指引」所示插入雙耳，並且預留填充的間隙。

4. 填充好之後，完全縫合。

版型

臉部和耳朵
裁片 1

口鼻
裁片 1

眉毛
裁片 2

舌頭
裁片 1

頭髮
裁片 1

身體
裁片 2

眼睛
裁片 2

鼻子
裁片 1

設計指引

獵犬 HOUNDS

達克斯獵犬
DACHSHUND

培育於德國，在數百年前是用來捕獵獾、兔子、狐狸等地穴型動物。事實上，達克斯獵犬英文「Dachshund」的字面意思是「獾犬」（badger dog）。牠們長長的背加上矮壯的腿，因此也被大家暱稱為「臘腸犬」（sausage dog）。牠們的絨毛各式各樣，從柔順長毛到剛毛皆有。

所需物品

- 黑色毛氈布（身體、鼻子、耳朵）
- 深褐色毛氈布（臉部和腿部斑印）
- 中褐色毛氈布（口鼻）
- 白色毛氈布（眼睛）
- 縫線（褐色、黑色）
- 黑色兩腳釘2個（眼睛）
- 聚酯纖維填充棉
- 基本工具組

作法

1. 使用「版型」，剪出上列的毛氈布片圖案。

2. 參考「設計指引」疊放和手縫毛氈布片正面（請見〈設計指引用法〉和〈手縫針法解說〉），縫好狗狗的特色部位，加上兩腳釘。

3. 將毛氈布片正面和背面身體縫合，同時按照「設計指引」所示插入雙耳，並且預留填充的間隙。

4. 填充好之後，完全縫合。

版型

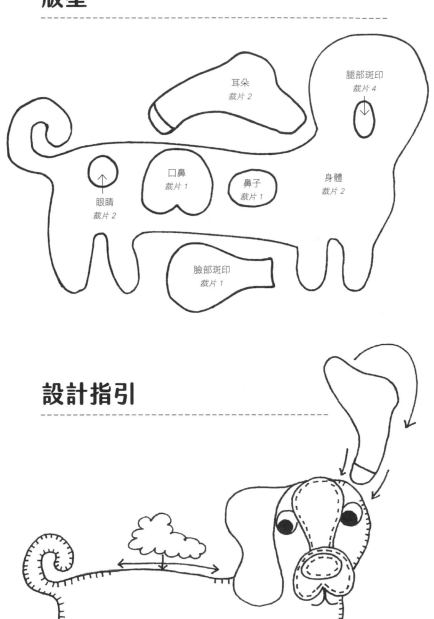

耳朵
裁片 2

腿部斑印
裁片 4

口鼻
裁片 1

鼻子
裁片 1

身體
裁片 2

眼睛
裁片 2

臉部斑印
裁片 1

設計指引

薩路基獵犬
SALUKI

有數千年歷史的薩路基獵犬,原是中東貝都因阿拉伯人 (Bedouin Arabs) 為捕捉食物而養育的。一般認為,牠們的名字是來自薩路克 (Saluk) 或塞路基亞 (Selukia) 這兩個美索布達米亞古城。這些修長的狗狗以驚人的敏捷、迅速和強壯著稱,但其實,牠們瘦到需要添加軟墊才能舒適入睡。薩路基獵犬很固執,經常不理會主人要求回來的呼喚——這一點再加上牠們可怕的奔跑速度,對主人而言,讓牠們卸繩在戶外放風是一項極大的挑戰!

所需物品

- 雜褐色毛氈布（身體）
- 淺褐色毛氈布（耳朵、尾巴細節）
- 乳白色毛氈布（身體斑印、臉部、眼睛）
- 黑色毛氈布（鼻子）
- 縫線（淺褐色、中褐色、黑色）
- 黑色兩腳釘2個（眼睛）
- 聚酯纖維填充棉
- 基本工具組

作法

1. 使用「版型」，剪出上列的毛氈布片圖案。

2. 參考「設計指引」疊放和手縫毛氈布片正面（請見〈設計指引用法〉和〈手縫針法解說〉），縫好狗狗的特色部位，加上兩腳釘。

3. 將毛氈布片正面和背面身體縫合，同時按照「設計指引」所示插入雙耳，並且預留填充的間隙。

4. 填充好之後，完全縫合。

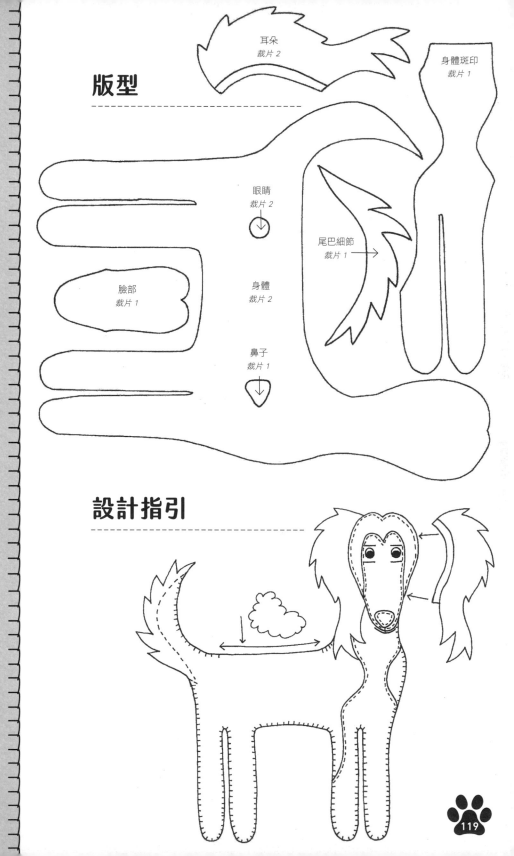

版型

耳朵
裁片 2

身體斑印
裁片 1

眼睛
裁片 2

尾巴細節
裁片 1

臉部
裁片 1

身體
裁片 2

鼻子
裁片 1

設計指引

巴吉度獵犬
BASSET HOUND

巴吉度獵犬原是為狩獵而培育，可回溯至16世紀大革命之前的法國。法文的「bas」為「低、矮」之意，巴吉度獵犬站起來離地甚低，所以得有此名。牠們以極度靈敏的嗅覺聞名，性情平穩溫和，懸垂的長耳朵和發皺的臉孔，讓牠們看起來總是很憂傷。我們會對巴吉度獵犬特別熟悉，都是拜高知名度的蘇格蘭連載漫畫《巴吉度獵犬弗瑞德》（Fred Basset），以及鞋子品牌Hush Puppies的「門面」之賜。

所需物品

- 乳白色毛氈布（身體、口鼻、眼睛）
- 深褐色毛氈布（耳朵、臉部和身體斑印）
- 中褐色毛氈布（眼瞼）
- 黑色毛氈布（鼻子、背部斑印）
- 粉紅色毛氈布（舌頭）
- 縫線（白色、深褐色、中褐色、乳白色、黑色、粉紅色）
- 黑色兩腳釘2個（眼睛）
- 聚酯纖維填充棉
- 基本工具組

作法

1. 使用「版型」，剪出上列的毛氈布片圖案。

2. 參考「設計指引」疊放和手縫毛氈布片正面（請見〈設計指引用法〉和〈手縫針法解說〉），縫好狗狗的特色部位，加上兩腳釘。

3. 將毛氈布片正面和背面身體縫合，同時按照「設計指引」所示插入雙耳，並且預留填充的間隙。

4. 填充好之後，完全縫合。

版型

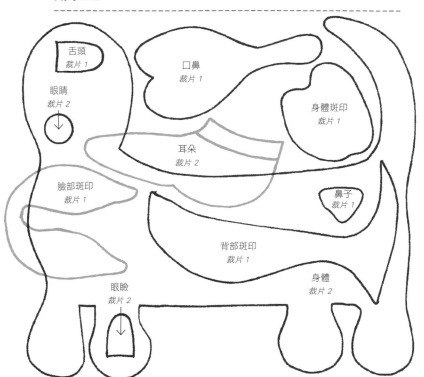

舌頭 裁片 1

眼睛 裁片 2

口鼻 裁片 1

身體斑印 裁片 1

耳朵 裁片 2

臉部斑印 裁片 1

鼻子 裁片 1

背部斑印 裁片 1

身體 裁片 2

眼瞼 裁片 2

設計指引

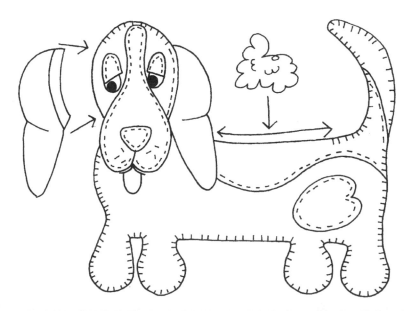

尋血獵犬
BLOODHOUND

尋血獵犬出身高貴，最初是在位處舊法國、今日比利時的聖休伯特修道院（Abbey of Saint Hubert）中出現。原名為聖休伯特犬（Chien Saint Hubert），現在被稱為尋血獵犬，悲傷的小狗臉和下垂的長耳朵為其特色。牠們擁有絕佳嗅覺和驚人的追蹤能力，因此有時會被稱為「偵探獵犬」（sleuth hound）。時至今日，尋血獵犬仍在協助警察進行搜救工作——牠們的耳朵可以將地面散發的氣味飄送向上，以利尋找。

所需物品

- 棕褐色毛氈布（身體、口鼻、眼瞼）

- 深褐色毛氈布（臉部斑印、耳朵）

- 黑色毛氈布（鼻子、身體斑印）

- 白色毛氈布（眼睛）

- 縫線（棕褐色、乳白色、深褐色、黑色）

- 黑色兩腳釘2個（眼睛）

- 聚酯纖維填充棉

- 基本工具組

作法

1. 使用「版型」，剪出上列的毛氈布片圖案。

2. 參考「設計指引」疊放和手縫毛氈布片正面（請見〈設計指引用法〉和〈手縫針法解說〉），縫好狗狗的特色部位，加上兩腳釘。

3. 將毛氈布片正面和背面身體縫合，同時按照「設計指引」所示插入雙耳，並且預留填充的間隙。

4. 填充好之後，完全縫合。

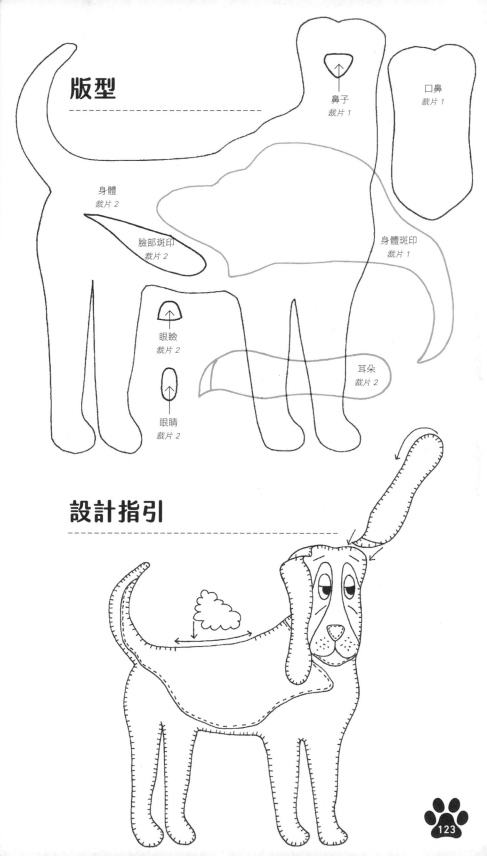

版型

鼻子
裁片 1

口鼻
裁片 1

身體
裁片 2

臉部斑印
裁片 2

身體斑印
裁片 1

眼瞼
裁片 2

眼睛
裁片 2

耳朵
裁片 2

設計指引

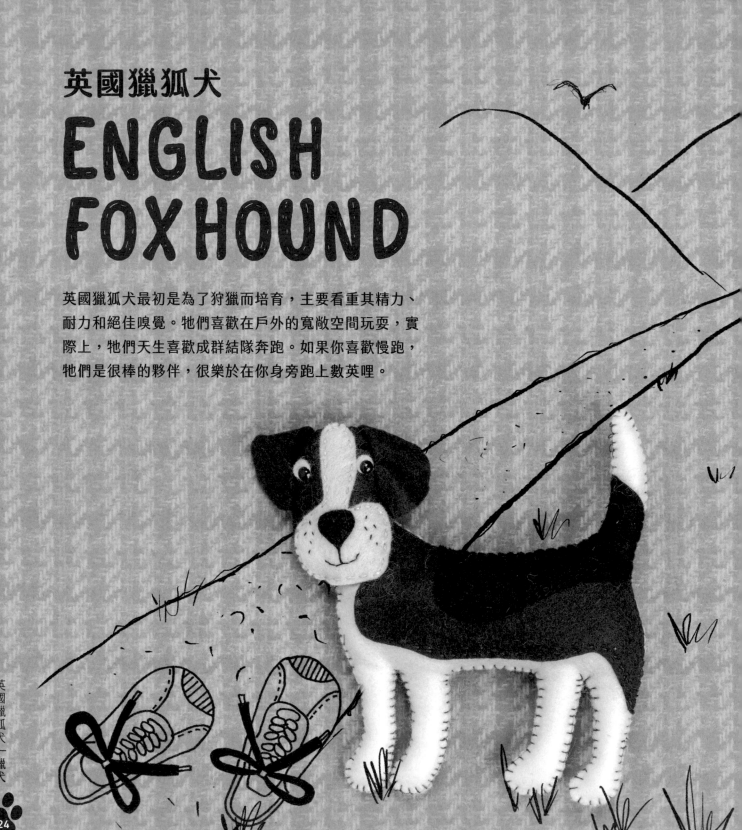

英國獵狐犬
ENGLISH FOX HOUND

英國獵狐犬最初是為了狩獵而培育，主要看重其精力、
耐力和絕佳嗅覺。牠們喜歡在戶外的寬敞空間玩耍，實
際上，牠們天生喜歡成群結隊奔跑。如果你喜歡慢跑，
牠們是很棒的夥伴，很樂於在你身旁跑上數英哩。

所需物品

- ❀ 乳白色毛氈布（身體、臉部斑印、眼睛）

- ❀ 深褐色毛氈布（身體斑印、臉部、耳朵）

- ❀ 黑色毛氈布（背部和尾巴斑印、鼻子）

- ❀ 縫線（深褐色、乳白色、黑色）

- ❀ 黑色兩腳釘2個（眼睛）

- ❀ 聚酯纖維填充棉

- ❀ 基本工具組

作法

1. 使用「版型」，剪出上列的毛氈布片圖案。

2. 參考「設計指引」疊放和手縫毛氈布片正面（請見〈設計指引用法〉和〈手縫針法解說〉），縫好狗狗的特色部位，加上兩腳釘。

3. 將毛氈布片正面和背面身體縫合，同時按照「設計指引」所示插入雙耳，並且預留填充的間隙。

4. 填充好之後，完全縫合。

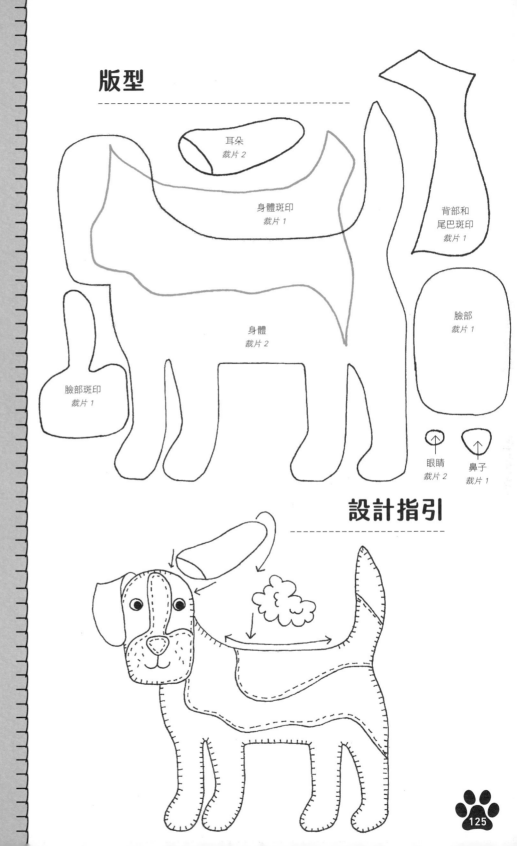

版型

耳朵
裁片 2

身體斑印
裁片 1

背部和尾巴斑印
裁片 1

身體
裁片 2

臉部
裁片 1

臉部斑印
裁片 1

眼睛
裁片 2

鼻子
裁片 1

設計指引

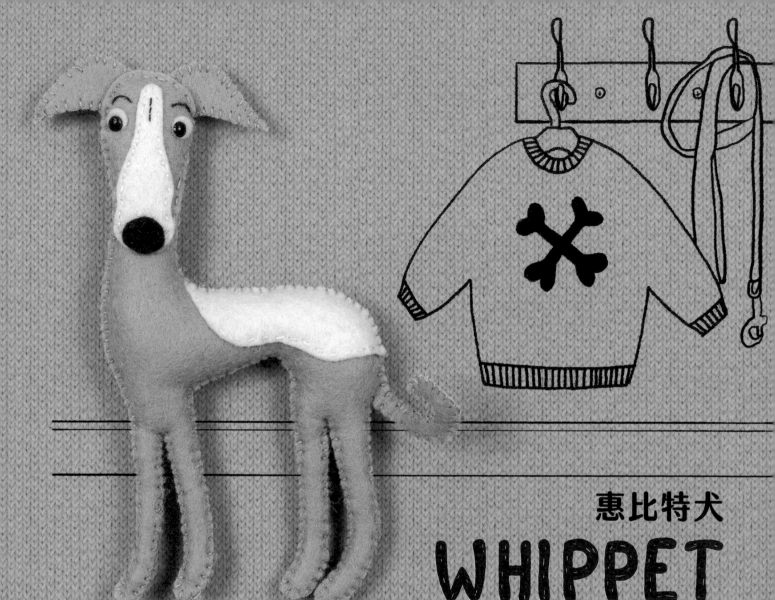

惠比特犬
WHIPPET

惠比特犬源於18世紀英格蘭北部,當時用於獵兔。惠比特犬經常被誤認為是靈緹犬——Greyhound,又名格力犬——反之亦然。事實上,惠比特犬相對比靈緹犬小。惠比特犬是為速度而生,擁有天鵝絨般柔軟光滑的短毛,流線型的外表如同運動健將。你會經常看到牠們被畫入美術肖像與景象畫中,且多陪伴著富有的主人。惠比特犬身材苗條,體脂極少,所以容易感到寒冷——這是讓牠們穿著漂亮針織套頭毛衣的好理由!

惠比特犬一獵犬

所需物品

- 灰色毛氈布（身體、耳朵、臉部）
- 乳白色毛氈布（口鼻、眼睛、身體斑印）
- 黑色毛氈布（鼻子）
- 縫線（灰色、乳白色、黑色）
- 黑色兩腳釘2個（眼睛）
- 聚酯纖維填充棉
- 基本工具組

作法

1. 使用「版型」，剪出上列的毛氈布片圖案。

2. 參考「設計指引」疊放和手縫毛氈布片正面（請見〈設計指引用法〉和〈手縫針法解說〉），縫好狗狗的特色部位，加上兩腳釘。

3. 將毛氈布片正面和背面身體縫合，同時按照「設計指引」所示插入雙耳，並且預留填充的間隙。

4. 填充好之後，完全縫合。

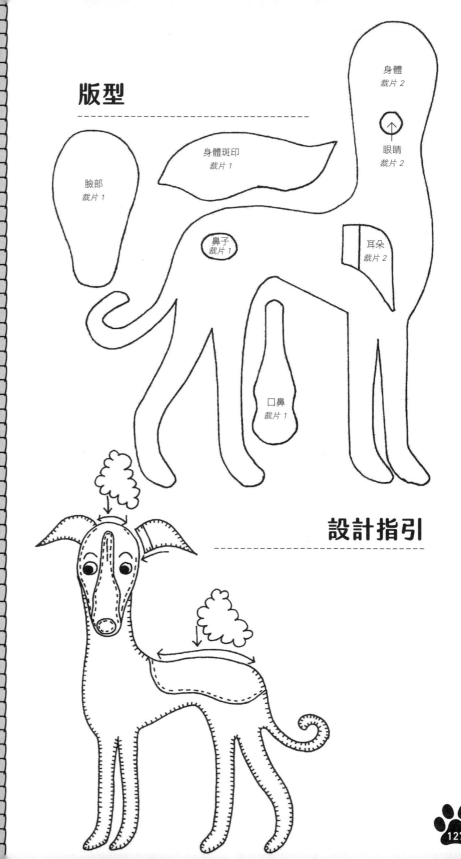

版型

臉部
裁片 1

身體斑印
裁片 1

身體
裁片 2

眼睛
裁片 2

鼻子
裁片 1

耳朵
裁片 2

口鼻
裁片 1

設計指引

愛爾蘭獵狼犬
IRISH WOLFHOUND

愛爾蘭獵狼犬是狗狗界中個子最高的犬種,儘管身型巨大,但牠們極為溫和。牠們源自愛爾蘭,用來保護牲畜不受野狼攻擊——不過愛爾蘭野狼在18世紀末後便已絕跡。一身粗硬的絨毛能幫助牠們抵禦冷濕的氣候。牠們是非常黏人的狗狗,喜歡與主人建立緊密連結,討厭長時間的獨處。你可能需要大房子與大車子來接待這隻超級大狗!

愛爾蘭獵狼犬一獵犬

所需物品

- 🐾 深灰色毛氈布（身體、臉部、耳朵、鬍鬚）
- 🐾 淺灰色毛氈布（胸部和腿部細節、眉毛）
- 🐾 乳白色毛氈布（眼睛）
- 🐾 黑色毛氈布（鼻子）
- 🐾 深褐色羊毛粗紗（身體）
- 🐾 縫線（中褐色、黑色）
- 🐾 黑色兩腳釘2個（眼睛）
- 🐾 聚酯纖維填充棉
- 🐾 基本工具組

作法

1. 參考右側「設計指引」（請見〈設計指引用法〉），用羊毛粗紗針戳黑色毛氈布片。

2. 使用「版型」，剪出上列的毛氈布片圖案，經針戳毛氈的布片用於正面身體。

3. 參考「設計指引」疊放和手縫毛氈布片正面（請見〈手縫針法解說〉），縫好狗狗的特色部位，加上兩腳釘。

4. 將毛氈布片正面和背面身體縫合，同時按照「設計指引」所示插入雙耳，並且預留填充的間隙。

5. 填充好之後，完全縫合。

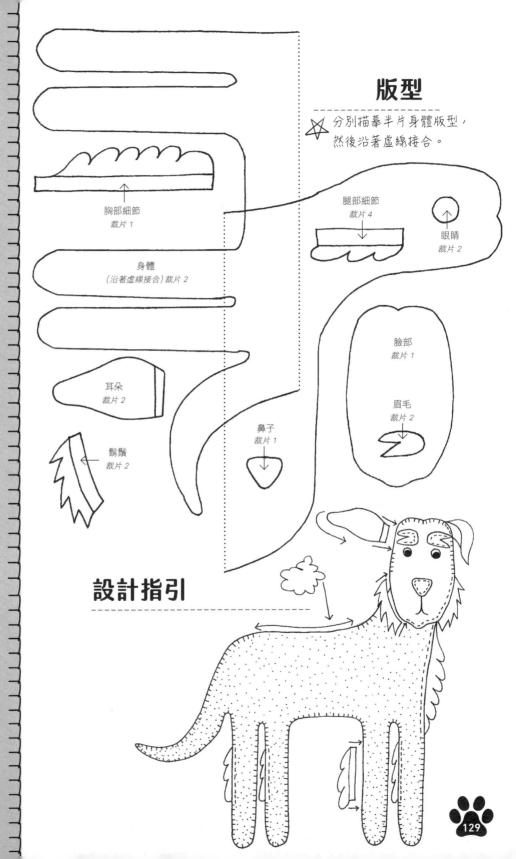

版型

☆ 分別描摹半片身體版型，然後沿著虛線接合。

胸部細節
裁片 1

腿部細節
裁片 4

眼睛
裁片 2

身體
（沿著虛線接合）裁片 2

臉部
裁片 1

耳朵
裁片 2

眉毛
裁片 2

鬍鬚
裁片 2

鼻子
裁片 1

設計指引

關於作者

艾莉森·里德（Alison J Reid）一直熱愛手作與創作。1980 年代在利物浦理工大學完成基礎課程後，便開始研習時尚與織品。過去 30 年來，艾莉森從事教職，在一間女子中學教授藝術與設計，同時也在利物浦約翰摩爾斯大學藝術與設計學院的時尚與織品學系任教。

1992 年，艾莉森自行創業，為時尚和室內設計市場製作手工和訂製飾品，成品在 Marc Jacobs、高島屋、Ralph Lauren、W Rouleaux、Liberty、Etro、Rubelli 多家商場皆有販售，也曾售予女演員妮可·基嫚（Nicole Kidman）等。

織品也曾在雜誌和期刊上有專題報導，包括《Elle》、《Elle Decoration》、《Country Life》、《Vogue》、《Homes & Gardens》、《Textile View》、《Selvedge》、《You》和《Telegraph Magazine》等。艾莉森也是《學習手縫魔法》一書的作者，該書已有德文和法文譯本。

艾莉森說：「無論是在家中或外出到威爾斯，我喜歡坐在自己的工作空間裡，周圍環繞著工具和各式各樣的小東西。設計與製作此一系列的五十隻狗狗，這成為我個人創作作品中一段完美的精采篇章。我很樂於給這些小小的狗狗賦予生命。我的手縫夥伴奧斯卡貴賓犬 Woody 在整個製作過程中一直陪在我的身旁。我讓 Woody 負責品質管制，專門測試毛氈布的強度——這是我和牠每日的拉鋸戰！」

若要查看更多艾莉森的創意插畫和織品，請訪問她的部落格：sewingfromthehill.typepad.com。歡迎使用標籤 #stitch50dogs 和標記 @dandcbooks，在 Instagram 上分享你的創作。

致謝

我想謝謝 David and Charles 出版總監 Ame Verso，給我機會寫這本書。感謝 Ame 在極為愉快的寫作過程中給予指引與支持，讓我得以充分發揮創意。同時，非常感謝設計師 Anna Wade 和 Prudence Rogers、編輯 Jessica Cropper 和 Jenny Fox-Proverbs，還有拍攝出可愛照片的Jason Jenkins。

我還要感謝家人與朋友們支持我日夜工作，讓本書得以如期完成。侄子 Dan 和 Matty 會在我早上開始工作之前，帶來可愛的奧斯卡貴賓犬 Woody。Woody 全權負責絨毛狗狗品質控管，同時也是本書的靈感來源。

最後，謝謝我的伴侶 Steve，總是信任我且激勵我永不放棄。

索引

一起動手做！超可愛狗狗縫製指南/艾莉森・J・里德(Alison J. Reid) 著；賴姵瑜 譯.
-- 初版. -- 臺北市 :笛藤, 2022.02
　　面；　公分

譯自：Stitch 50 Dogs：Easy Sewing Patterns for Adorable Plush Pups

ISBN 978-957-710-846-3(平裝)

1.CST:玩具　2.CST:手工藝

426.78　　　　　　　　　　　111000950

2022年2月24日　初版第一刷　定價480元

作　　　者	艾莉森・J・里德
譯　　　者	賴姵瑜
編　　　輯	江品萱
美術設計	王舒玕
總 編 輯	賴巧凌
編輯企劃	笛藤出版
發 行 所	八方出版股份有限公司
發 行 人	林建仲
地　　　址	台北市中山區長安東路二段171號3樓3室
電　　　話	(02) 2777-3682
傳　　　真	(02) 2777-3672
總 經 銷	聯合發行股份有限公司
地　　　址	新北市新店區寶橋路235巷6弄6號2樓
電　　　話	(02)2917-8022・(02)2917-8042
製 版 廠	造極彩色印刷製版股份有限公司
地　　　址	新北市中和區中山路二段380巷7號1樓
電　　　話	(02)2240-0333・(02)2248-3904
印 刷 廠	皇甫彩藝印刷股份有限公司
地　　　址	新北市中和區中正路988巷10號
電　　　話	(02) 3234-5871
郵撥帳戶	八方出版股份有限公司
郵撥帳號	19809050